21世纪全国高职高专艺术设计系列技能型规划教材

产品设计模型制作与应用

盛希希　黄　生　编著

内容简介

本书主要分为基础篇和实践篇两大部分内容。

第一部分基础篇，共分3章：第一章是产品模型概述，主要介绍产品模型的概念、核心价值及模型制作的基本原则等相关知识；第二章是产品模型的类型，主要讲授模型分类的不同方法及各自特性；第三章是产品模型制作的前期准备，主要讲授产品模型制作的材料、制作工具的应用等。第二部分实践篇，共分3章：第四章为产品模型的制作方法；第五章为产品模型的应用；第六章为工业产品模型制作赏析。

本书可作为高职高专院校艺术设计专业教学用书，也可作为相关艺术设计专业人员的参考书。

图书在版编目(CIP)数据

产品设计模型制作与应用/盛希希，黄生编著. —北京：北京大学出版社，2014.1

(21世纪全国高职高专艺术设计系列技能型规划教材)

ISBN 978-7-301-23350-4

Ⅰ.①产… Ⅱ.①盛… ②黄… Ⅲ.①产品设计—模型—高等职业教育—教材 Ⅳ.①TB472

中国版本图书馆CIP数据核字(2013) 第245806号

书　　名：产品设计模型制作与应用

著作责任者：盛希希 黄 生 编著

策 划 编 辑：孙 明

责 任 编 辑：李瑞芳

标 准 书 号：ISBN 978-7-301-23350-4/J・0542

出 版 发 行：北京大学出版社

地　　址：北京市海淀区成府路 205 号 100871

网　　址：http://www.pup.cn 新浪官方微博：@北京大学出版社

电 子 信 箱：pup_6@163.com

电　　话：邮购部 62752015 发行部 62750672 编辑部 62750667 出版部 62754962

印 刷 者：北京大学印刷厂

经 销 者：新华书店

787mm × 1092mm 16开本 7印张 159千字

2014 年 1 月第 1 版 2019 年 1 月第 3 次印刷

定　　价：35.00元

序

盛希希老师组织和编写的有关艺术设计的教材即将面世，这是值得高兴的事情。艺术设计类专业在我院虽然比较年轻，但经过教师们的努力，发展很快，成绩斐然。他们所带领的学生在各级各类的大赛中屡获殊荣，令人快慰！这本教材的编写，既有他们教学心得的总结，也有对具有高职高专特色的艺术设计课程的改革探讨，体现了知识性和操作性相融合的特点，相信对以后的教学会有一个很大的帮助。

艺术设计既是个艺术活，也是个技术活。在当前，技术操作已经成为这个行业的首位技能，没有操作能力，学生将无法在行业中安身立命；但毫无疑问，如果没有良好的艺术修养，从业者将难以在同行中出类拔萃。良好的艺术感，是使“技”跃升为“艺”的重要基石。遗憾的是，将“艺”演化为“技”正成为一种趋势，而且愈演愈烈。不仅仅艺术设计行业这样，其他行业也是如此。写这几行文字的前两天，笔者在和几位“电视人”讨论脚本时，都有一个同感，在同行和受众的压力下，电视作品的创作已经变成了一种技术活，包括悬念、情节、对话这样一些要素的运用已经逐渐远离文学。模式化的技术操作，已经使一部分艺术家沦为工匠。

艺术设计的高职高专教育不一定要培养艺术家，但培养具有良好艺术素养的设计人才仍是这一专业教育的使命。如何在以能力为主线的专业教育中，提升学习者丰富而厚实的涵养，并非唯教材编写之一径。课堂教学如一出戏，教材如脚本，有了好的脚本，如何排演出一幕好戏，仍有待师生的共同参与和努力。

黄伦生　博士

广东农工商职业技术学院院长　教授

2013年10月于广州

前　言

在科技高度发展的新经济时代，我们的艺术设计教育应该强调和适应时代的需要，因材施教。目前，《产品设计模型制作与应用》作为产品设计专业的核心课程，无论在方法上和表现形式上，与其他教材相比，都存在一定的差异性。对产品设计基本原理及相关知识进行了解和学习，无论在对培养学生创造性思维、强调主观创造性、体现其专业性和功能性方面，都起着非常重要的作用。

针对艺术设计类的教学特点，在编写本书时，编者尽量避免长篇大论，而努力做到通俗易懂、言简意赅。在相关知识点的讲授上，做到切实可行，易于理解，使学生容易上手。在重要知识点的讲授上，编者精心挑选了经典作品，用作品分析相关内容，这样不仅有助于学生对经典作品的理解与相关知识的消化与吸收，也能有效地帮助学生读懂作品的设计语言，提高艺术审美能力。

本书是编者近年来学习及教学实践的总结。在编写过程中，编者参阅了国内外相关的专著及教程。在此，谨向相关作者深表谢意！同时，非常感谢在编写过程中给予我们大力支持的领导及同事！由于时间仓促，书中若有不妥之处，真诚地希望读者和专家批评指正。

编　者

2013年9月

目　录

第一部分　基础篇 ………… 1

第一章　产品模型概述 ………… 1

第一节　什么是产品模型 ………… 2

第二节　产品模型的核心价值 ………… 4

第三节　模型制作的基本原则 ………… 6

一、制作原则 ………… 6

二、学习原则 ………… 7

单元训练与拓展 ………… 10

第二章　产品模型的类型 ………… 11

第一节　按模型功能分类 ………… 12

一、形态模型 ………… 12

二、概念模型 ………… 12

三、结构研究模型 ………… 13

四、功能研究模型 ………… 13

五、外观仿真模型 ………… 14

六、产品样机 ………… 15

第二节　按设计类型分类 ………… 15

一、家具模型 ………… 16

二、电子产品模型 ………… 16

三、灯具模型 ………… 16

四、交通工具模型 ………… 16

目　录

第三节　按模型材料分类 17
一、纸材模型 17
二、石膏模型 17
三、油泥模型 18
四、木材模型 18
五、玻璃钢模型 19
六、塑料模型 19
单元训练与拓展 20
第三章　产品模型制作的前期准备 21
第一节　产品模型制作的材料 22
一、纸材材料 22
二、石膏材料 23
三、油泥材料 24
四、木材材料 25
五、塑料材料 27
六、金属材料 28
七、其他材料 29
第二节　模型制作的工具 32
一、手动工具 32
二、电动工具 44
单元训练与拓展 46

目　录

第二部分　实践篇……47

第四章　产品模型的制作方法……47

第一节　石膏模型的制作……48

一、石膏的成型特性……48

二、制作石膏模型的设备与工具……48

三、石膏模型的制作方法……48

四、石膏模型的制作步骤……48

五、石膏模型翻制步骤……49

第二节　黏土模型的制作……52

一、黏土的成型特性……52

二、制作黏土模型的设备与工具……52

三、黏土模型的制作方法与步骤……52

第三节　油泥模型的制作……55

一、油泥的成型特性……55

二、制作油泥模型的设备与工具……55

三、油泥模型的制作方法与步骤……55

第四节　塑料模型的制作……59

一、塑料的成型特性……59

二、制作塑料模型的设备及工具……60

三、塑料模型的制作方法与步骤……60

第五节　木模型的制作……64

目 录

一、木材的成型特性 64
二、制作木模型的设备及工具 66
三、木模型的制作方法及步骤 66
第六节 表面处理 74
一、表面处理的作用与意义 74
二、表面处理的方法 75
单元训练与拓展 79
第五章 产品模型的应用 81
第一节 用模型进行思考 82
一、设计的推敲 82
二、设计的实验 85
第二节 用模型表达设计 87
一、设计表达 87
二、设计沟通 88
单元训练与拓展 89
第六章 工业产品模型制作赏析 91
单元训练与拓展 102
参考文献 103

第一部分　基础篇

第一章　产品模型概述

教学要求和目标

要求：掌握产品模型制作的基本概念和制作原则。

目标：使初学者认识模型在产品设计中的重要作用，初步对模型有一个基本理解。

教学要点：讲授模型的基本概念及相关基础知识、原理和原则。

教学方法：课堂讲授与点评相结合，观摩模型实物与模型图片相结合。

课时：4课时

模型是产品设计研究和设计表现的有效手段，占有非常重要的作用。它作为一种三维的表达方法，是二维图纸无法比拟的。本章主要介绍了模型的概念、模型的核心价值及模型制作的基本原则。

第一节　什么是产品模型

通俗意义上讲，产品模型就是仿照产品的外形、大小、形状、颜色等，运用各种材料做成与实际产品相似度很高的模型，来揭示原型的形态、特征和本质的方法。产品模型涉及机械、汽车、轻工、电子、化工、冶金、建材、食品等多个领域，应用范围十分广泛（图1-1～图1-3）。

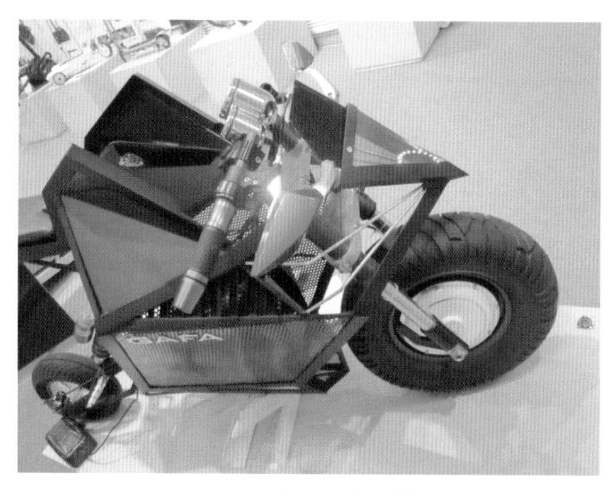

图1-1　汽车模型

图1-2　电子产品模型

图1-3　食品仿真模型

我国最早的模型是汉代的“陶楼”（图1-4）。“陶楼”是汉代随葬品和祭祀品，用胚土烧制而成，按照一定的比例进行缩放，外形和结构与实际建筑十分接近。现代模型一般指对工业产品的模拟和展示。随着现代设计的发展，模型的种类也越来越多，涉及的材料及行业也越来越广，如设计行业、航空军备行业（图1-5）、建筑行业(图1-6)、影视行业等。

图1-4　汉代“陶楼”

图1-5　军用飞机模型

图1-6　建筑模型

在现代产品设计中，模型是表达设计的常用手段之一。通过反复的调整、推敲分析、讨论等阶段来修改模型，以达到最佳的设计效果。模型是设计师与设计师、设计师与客户、设计师与消费者之间沟通的有效“语言”。模型是以实体的形式来展示的。

随着现代工业的发展，模型的种类也越来越丰富。模型涉及很多行业，成为设计师表达想法的有效手段之一。相对电脑效果图而言，实物模型较为直接和真实，行业内外人员都能接受，并能展开有效沟通。设计师在现代技术条件下，针对不同产品设计类型选择合适的材料及加工工艺来完成模型制作。

模型分为概念模型（图1-7）和实物模型（图1-8）。实体模型的表现手法远远比平面图、透视图、效果图等更容易表达设计效果。制作产品模型不是设计的目的，也不是最终结果，而是研究设计的工作方式。

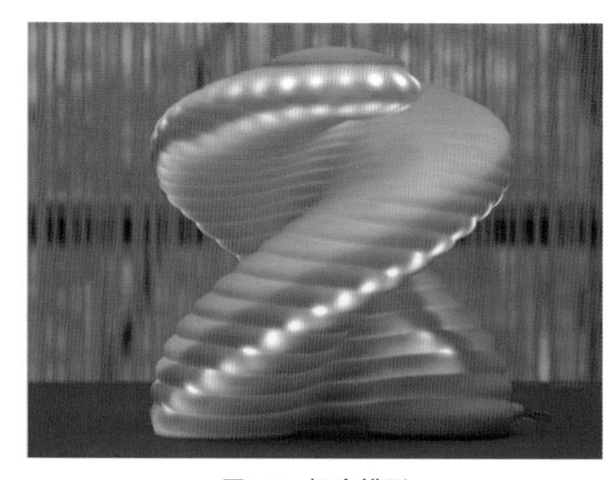

图1-7　概念模型

图1-8　实物模型

制作产品模型不是设计的目的，也不是最终结果，而是研究设计的工作方式。既尊重了设计的科学性，又保证了设计的质量。

第二节　产品模型的核心价值

许多设计开发失败的案例大多数都发生在由设计向生产转化阶段。如从构思效果图和感性预想直接进入生产工艺设计，然后又基于生产工艺设计进行模具设计，当发现结构上的问题，已造成高额的费用。在造型设计阶段，为了研讨，绘出了无数创意手绘图和产品效果图（图1-9、图1-10），但那只是在平面上表现的形象。之所以造成设计开发的失败，问题在于由二维想象向三维形象的转化过程难以正确把握。有时因设计师一厢情愿地对美的造型的追求，而忽视了公司的实际生产水平及对产品的工艺合理性要求；有时因开发时间紧迫或费用方面的原因，而省略制作模型的步骤，以及各职能部门之间协调不佳，沟通不畅等原因。

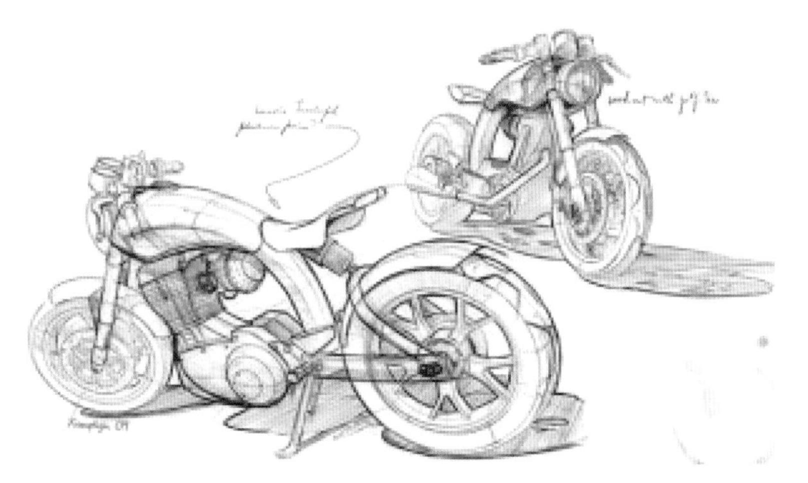

图1-9　产品手绘图

图1-10 产品效果图

图1-11 工作模型与生产模型

将设计形象转化为产品形象时，必须利用模型手段。在设计定案阶段所进行的设计评价和最终承认的方案是工作模型和生产模型（图1-11），由于它是从各个方面对产品进行模拟。所以能够明确把握产品在构造上和功能上的问题点。

工作模型制作的目的是为了把先前二维图纸上的构想转化成可以触摸与感知的三维立体形态，并在这种制作过程中进一步细化、完善设计方案，最后按照生产的工艺、标准来制作产品样机（图1-12）。这是产品进入工厂批量生产阶段之前的“大检阅”，尤其是在当前先进的数字化、虚拟化技术广泛应用的前提下，设计师的感性评价与知觉受到了前所未有的挑战。因为我们生活在一个物质化的世界中，我们感知与使用产品的手段是综合的，不仅要看到、听到，还要摸到、闻到。总之，作为以创造物质化产品为职业的设计师应当为使用者创造出更为全方位的产品。这种工作更像是雕塑家，设计师应该用自己的双手去感知与创造一个更为生动的情感物质混合体，而不仅仅是一个冷感器。

图1-12　产品样机

作为产品设计中一个不可缺少的环节，模型制作对现代设计的发展至关重要。从不同角度对模型分类进行分析，能使设计师全面了解模型的内容和含义，深刻认识模型制作这一重要设计过程，把握其精髓，全面提高自身综合素质和设计能力，从而整体提升设计水平，促进设计的发展。

一个企业要生产一种产品，从市场分析到产品成形，模型是制造过程中重要的一环。21世纪是一个大规模定制生产的时代，随着市场信息的广泛传播，顾客对新产品要求越来越多样。创新科技和卓越设计配合消费者使用习惯及消费态度的市场研究作产品设计规划，新概念产品从比较不寻常的手段对应市场的变化，要求模型制作细致，体现材料、工艺的美感，模型制作的前景是十分广阔的。

模型制作是对产品的造型、结构和外观等方面所进行的综合性的设计，以便生产制造符合人们需要的实用、经济、美观的产品。

第三节　模型制作的基本原则

模型制作是设计师对设计进行综合考虑的过程。设计师对设计的构想必须结合美学、材料工艺学、人机工程学等学科的合理运用，用立体的方式进行表达设计师的设计理念。在模型制作的过程中，必须遵循以下原则。

一、制作原则

1. 科学性

模型与艺术品不同，需要如实地表达产品特性，必须科学、客观地描述产品的形象。模型强调科学性及逻辑性。艺术品是表达艺术家表达思想的媒介，允许有主观的造型及色彩，不一定必须符合当代工艺要求。

2. 创新性

设计不同于绘画艺术。设计是设计师对市场上所没有的事物进行描述。所以它具备超前的意识和创新性。这种创新性往往来源于设计师对生活的体验，对美好事物的追求。

3. 艺术性

模型制作是设计师经过反复推敲、运用各种不同的材料及现代工艺进行精心制作的结果。它的造型及色彩都有一定的艺术性，体现了设计师对科学与艺术的完美结合。

4. 可行性

为了满足设计需求，设计师对产品进行大量的创新。艺术与科学的完美结合，是设计师一辈子的追求。产品需要投入生产，工业产品都要经过科学、规范、精确的机械制作。所以，在制作模型时应该充分考虑产品生产的可行性，选择合适的工具、材料、工艺进行制作。

二、学习原则

1. 培养学生对工具的使用能力

工具不仅是一件器具，也是产品设计师体验、贴近制造业的一个重要途径。记得小时候生活在农村，孩子们都崇尚自己动手做玩具、修单车、做木工模型……现在社会进步了，人们的依赖性变强了，动手能力却变弱了。更多的同学对制造和生产产生了厌恶和恐惧感。生活当中，学生极少与工具打交道，更谈不上灵活使用工具。

工具的使用能使人投身于制造的氛围中，并且能享受制作过程中那份喜悦与那份成就感。会使用工具包括对工具有充分的认识，知道操作方法，会选择合适的工具进行使用等是一个设计师必备的素质（图1-13、图1-14）。只有熟练地使用工具，才能充分利用工具的性能来辅助设计，并激发设计师对设计的思考。

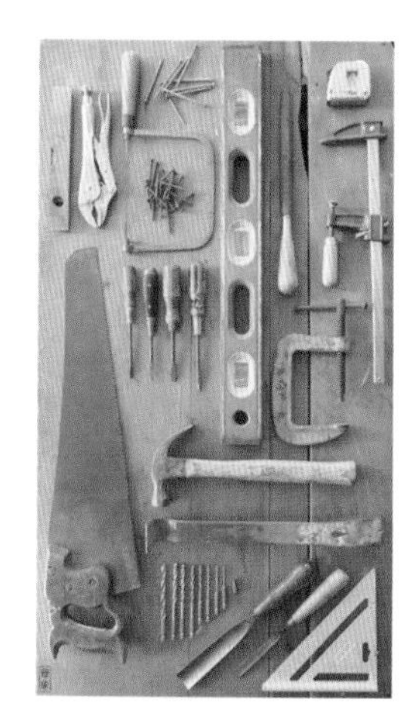

图1-13　模型制作工具

图1-14　学生熟练地使用工具

2. 培养学生对图纸的理解能力

制图与识图是产品设计师的基本能力。图纸是量化设计的重要工具（图1-15）。凡是工业产品都需要对产品的外观、结构进行图纸绘制，使其适应机器的生产。图纸包括三视图、结构图、零件图等。这些图纸都需要设计师和工程师合作完成。作为初学者，必须对设计图纸有足够的重视意识。工业产品设计并不是天马行空地描绘，而是按照现有条件脚踏实地去做。

工业设计最大的特点就是商品化，任何设计都以生产为前提。设计师除了会绘制图纸还需要读懂图纸。因为在生产的过程中，设计师必须严格控制设计的品质，就避免不了与工程师进行沟通。设计师与工程师之间的沟通一般使用图纸，图纸就是他们沟通的语言。

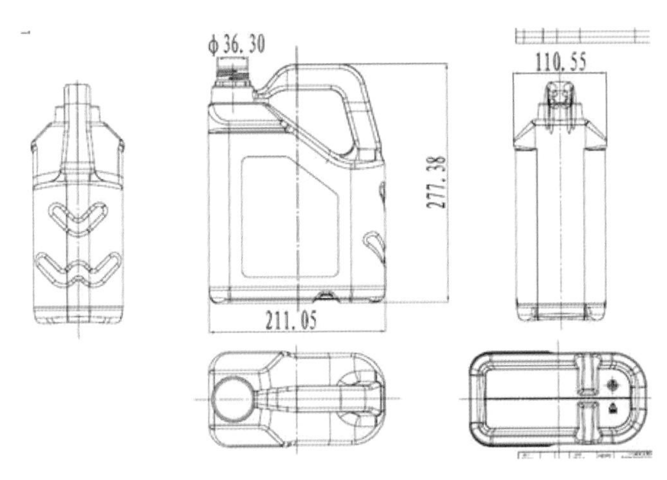

图1-15　模型制作图纸

3. 培养学生对材料、工艺的把握能力

造型、材料、色彩是构成一件产品的三要素。制作模型必须要求设计师具备绘制图纸、看图识图的基本能力。依据设计图纸的要求选择合适的材料及工艺进行模型制作。模型制作是一种经济、实用、直接为一体的创作活动，是设计表达的重要手段。最终的设计理念必须依靠材料和工艺表达出来（图1-16、图1-17）。

新材料的出现必然导致新工艺、新工具的变化。要制作好模型，设计师必须具备对新材料、新工艺的充分了解及灵活应用的能力。

图1-16　模型制作材料

图1-17　学生研究模型制作工艺

4. 培养学生对设计的整体把握能力

制作模型首先要学会如何规划和控制设计与尺寸之间的关系。掌握设计与设计图纸之间的比例关系，能对模型有目测的能力，学会整体地看待设计问题。设计师在这个过程中应该学会对空间的理解及想象能力，能将设计图纸（二维）向设计模型（三维）转变。能对模型制作的整体流程有充分把握，并能预知可能会出现的问题及应对问题的办法。学会整体地看待设计问题，如设计与材料问题、设计与工艺问题、设计与生产问题、设计与营销问题等。

结合设计师以往制作模型的经验，坚持以设计图纸为标准制作模型，杜绝不严谨的工作态度。学会从多方面、多角度去观察、理解、分析模型，最终达到“模型为设计服务”的原则。

5. 培养学生学习及互相学习的能力

制作模型是学生与老师进行设计沟通的重要阶段，很多现实问题都会在制作模型的时候出现和解决。如选择材料、制作模型应注意的问题等。制作模型也是学生对自己设计知识的一次检验。

制作模型一般是小组或个人进行，每位同学都必须参与。在制作模型时应该学会协作和沟通（图1-18），在与同学、老师交流时，大家互相学习、共同进步，这是学生学习能力好坏的综合体现。

图1-18　协作与沟通

制作模型的过程不仅仅是学生之间的学习，还能帮助老师对教学方法进行调整和思考。更重要的是，老师也能在同学们身上学到很多东西。模型制作是学生与老师共同研究设计问题的有效手段。

6. 培养学生严谨的工作态度

模型制作是一个艰苦、有序、愉快的劳动过程。学生应该像工人一样敬业，像农民一样勤劳。制作模型应该具备认真、细致、专业的工作态度，既要有设计师的思考能力，又要有工人的动手能力，还需要有农民的勤劳精神。善于利用现有的条件，现有的资源进行模型制作，既能独立完成个人的工作，也要善于团队合作。

产品要正式投产之前需要对各种设计指标进行综合评估。利用模型作为实验的依据，可对产品功能、结构、材料应用、生产工艺制定、生产成本核算等问题进行分析研究，这其中的每一个工作环节都不容松懈、马虎。

态度决定成败！只有当设计师热爱自己的专业，踏踏实实地去工作，才能成为一个具有职业责任感和社会责任感的专业人才。

单元训练与拓展

思考题：

1. 结合自己的经历，谈谈你对产品模型的认识。
2. 分小组讨论产品模型的核心价值。

第二章　产品模型的类型

教学要求和目标

要求：掌握产品模型的基本类型。

目标：了解并认识产品模型在设计各个阶段的作用，对产品模型的类型和使用特点有一个基本认知。

教学要点：通过对产品模型类型的认识，学会合理利用模型来进行产品设计。

教学方法：课堂讲授与点评。

课时：6课时

设计的复杂性和多样性对模型提出了更高的要求，时代的变化和科技的进步使模型的工艺内涵更加丰富，外延的能力也变得更加宽广。本节从产品模型的类型对模型进行描述，使大家对产品设计模型有一个基本的认识。

第一节　按模型功能分类

现代社会提倡快节奏、高效率、省资源地完成既定的研发目标。企业更是时刻关注商机的变化。这对设计公司也提出了更高的要求。如怎样快速、直接展示设计创意，无障碍地与企业沟通等问题。在设计的不同阶段，不同功效的设计需要有针对性的模型来高效地、直观地展示。因此，依据模型的用途可以将其分为形态模型、初步概念模型、结构研究模型、功能研究模型、外观仿真模型以及产品样机。

一、形态模型

形态模型通常称为草模型，主要是快速地记录设计想法的构思模型。这种模型应用于产品开发设计或改良设计的构思发展阶段的分析与研究。通过制作形态模型，把设计构思用简练的立体形态记录下来，便于在设计深化时对产品形态进行研究（图2-1）。在设计过程中，设计师的脑子里往往会呈现各种各样的想法，但是由于紧张或忽视而错过很多好想法。为了解决这个问题，设计师可以在纸上先记录草图，然后用简单的材料快速地将想法做出来。目的是当设计师对这些想法进行梳理和深入研究时提供依据，不易忘记。

制作这些形态模型时不要求尺寸、比例、材料的准确性。一般采用纸材、黏土、泡沫等易于加工的材料进行制作。这些形态模型为以后推敲设计、深入研究提供了最有效的平台。

图2-1　形态模型（纸材）

二、概念模型

在产品开发设计构想方案初步确定之后，为使构想方案表达得更具体，应将设计构想方案制作成较正规的初步概念模型。这种模型用高度概括、抽象的表现手法。通常就地取材，用简易并容易加工的材料来表达产品设计风格、形态特征、功能布局、人机界面关系等，这是设计的雏形，为以后设计细节打下良好的基础。这类模型主要表达设计创意的概念与造型之间的关系（图2-2）。

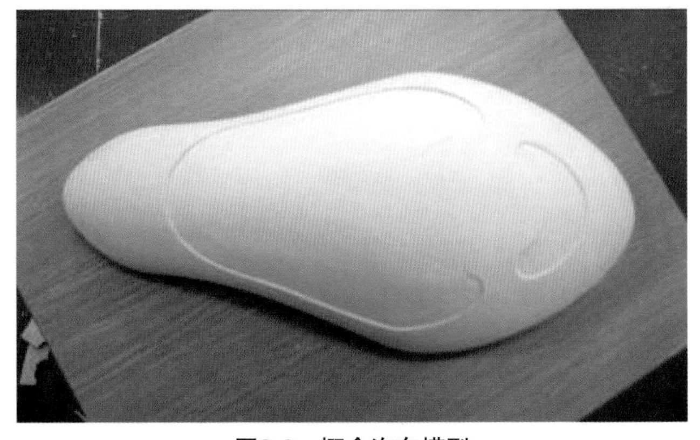

图2-2　概念汽车模型

三、结构研究模型

结构研究模型重点是研究产品造型与结构的关系，表现产品形态的结构特点、连接方式、块与块、点与面之间的组合关系（图2-3）。这类模型一般只需要准确地表达核心结构部位，对模型外观、材料、色彩均不要求。通过结构研究模型可以调整产品结构，使产品的结构得以合理并优化，形式更加符合功能的需要（图2-4）。

图2-3　椅子人机研究模型

图2-4　椅子结构研究模型（A-ONE学研中心制作）

结构形态模型是研究产品结构关系重要的工具。模型通常以简单、准确为制作原则，设计师必须对产品设计构思和结构关系有全面的把握。

四、功能研究模型

功能是一个产品的核心。所有的外观、材料、色彩等都是为产品功能服务的。在深化设计阶段需要制作功能研究模型，以此来研究产品的物理性能、机械性能、人机界面关系等（图2-5）。通过功能研究模型，可以观察并发现问题、分析问题，综合处理好设计的各个零件、部件、组件与机能上相互关系。功能模型以电脑功能模型（图2-5）和实物功能模型（图2-6）两种形式出现。功能研究模型制作必须按照已确定的设计方案要求进行，以利于深入改进产品性能、协调人机关系，为创造内外质量合理的设计提供科学的依据。

图2-5　功能研究实物模型（A-ONE学研中心制作）

图2-6　功能研究电脑模型

功能研究模型与结构研究模型相同之处是只需要把研究的核心部分做精致、准确即可，可以暂不需要考虑产品外观等因素。

五、外观仿真模型

外观仿真模型是产品设计研究中最后一道工序。很多企业负责人不是学美术出身，对于抽象的图像是很难看懂的。因此，他们要求设计师用实体模型这种直观的方式进行设计沟通。那么对于尺寸比例准确、工艺精良、质感真实、人机界面清晰的要求，设计师只有通过制作外观仿真模型才能实现。仿真模型（图2-7）在设计研究当中为产品选择材料、外形特征及模具设计与生产加工提供了基本的工艺标准，而且外行人也能一目了然，直接地理解设计。同时，设计师也能较好地诠释设计内涵，为设计委托单位和决策者提供评价的实物依据。

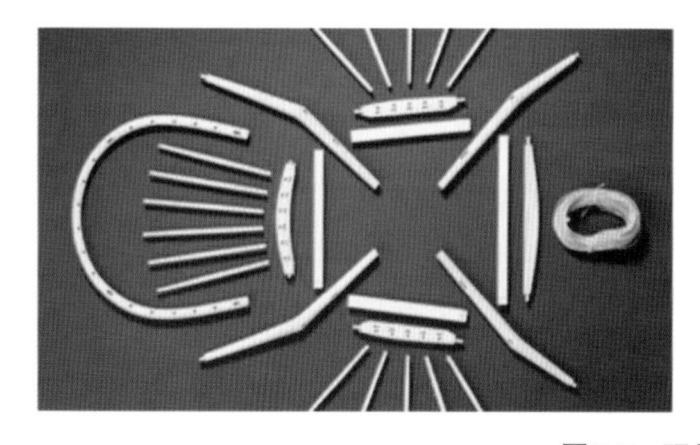

图2-7　玩具仿真模型

六、产品样机

制作产品样机是整个设计程序中体现成果的阶段，体现了设计师、工程师、工艺师及所有参与设计项目团队艰辛的创造成果。样机的功能、结构、材料、形态、色彩、文字标志、生产工艺、质感都是符合现有生产技术及工艺要求的。制作样机是按照已经确立的设计方案，向生产单位申报所需要的材料、配件、加工工艺（包含新技术、新材料、新结构方式）等条件。样机的生产可以推动设备、模具、加工工艺等生产技术的进步。产品样机是检验产品量产前的全部设计细节工作，并且产品造型、零部件、结构等可能都是需要重新开发的。因此，样机的制作成本在众多模型中是最高的。同时，样机制作体现了开发项目的实质加工工艺、工艺流程，相对要求较高。一般样机还用于参加比赛或展览会，它是设计最终阶段的体现（图2-8、图2-9）。

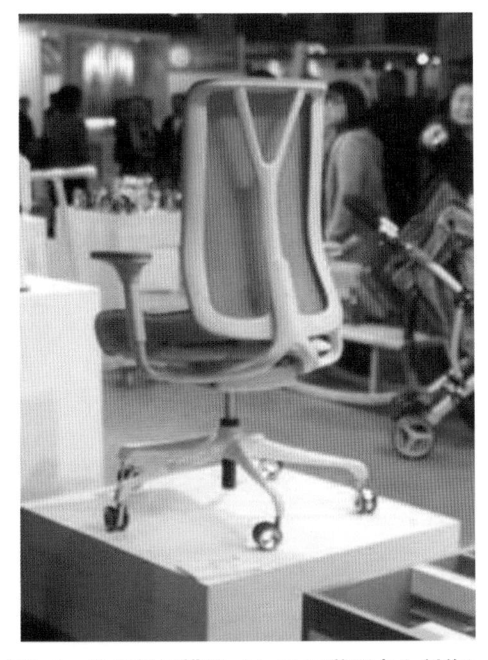

图2-8　椅子样机模型（A-ONE学研中心制作）

图2-9　豆浆机样机模型（A-ONE学研中心制作）

第二节　按设计类型分类

产品设计模型是产品设计活动中的一种重要的表达方式。对企业而言，产品模型制作需要具有造价低、制作周期短、三维效果逼真、降低开发风险等优势。目前产品模型已经成为企业探测市场和销售的一个有效方法。企业通过产品模型的展示试销，征求消费者的意见及接受市场的考验。从而使企业能正确地把握市场动向，果断决策，主动地拓展和占领市场。本书更多涉及的工业产品模型分别有：家具模型、电子产品模型、灯具模型、交通工具模型，并对这些常见的模型进行分析。

一、家具模型

家具模型通常以打板的形式出现，也有做成缩小比例的模型。家具模型因其制造工艺、材料的特点具备其特殊性。家具产品由于技术含量相对比较低，制作模型的成本也不高，一般情况是按照比例进行制作，常用的比例是1:10和1:5(图2-10)。但是随着科技的进步，家具也有所发展，如当前十分流行的实木家具、板式家具、板木家具等。在家具设计中，人机工程学是非常重要的部分。所以，使用真实的比例模型来对人机工程学的检验和测试是十分必要的。

图2-10　1:10办公椅模型（A-ONE学研中心制作）

二、电子产品模型

电子产品包括日用电子产品、家用电器（如冰箱、洗衣机等）、计算机、通讯设备等。根据产品的大小、成本的预算和客户需求可以制作成1:1的模型，也可以制作比例模型作为设计研究和设计讨论。模型的外观精度，人机界面一般都要求比较细致，基本与最终产品接近的程度（图2-11）。

三、灯具模型

现代灯具大体可以分为照明灯具和装饰灯具两种。根据灯具的材料不同，设计者可以在生活当中寻找合适的材料，一般都可以采用手工制作，并且不需要太多的特定工具。灯具的配件在市场上也是较容易购买的。对于课程的实训而言，学生比较容易操作和开展。模型的比例一般与实际灯具大小一致（图2-12）。

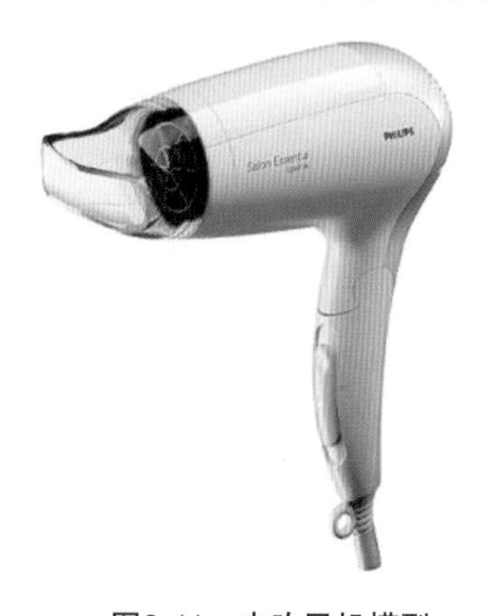

图2-11　电吹风机模型

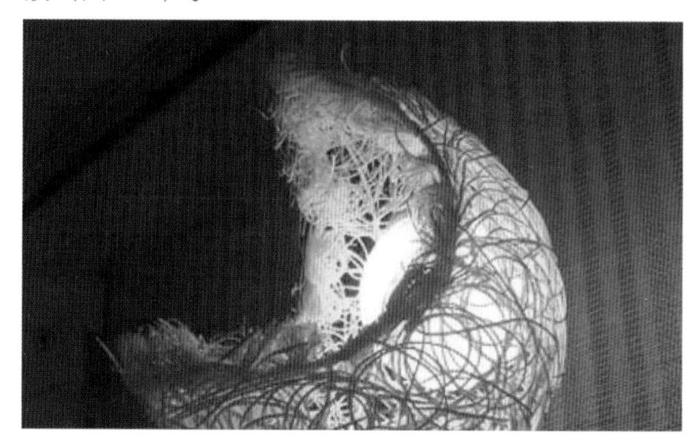

图2-12　藤编灯具模型

四、交通工具模型

交通工具有汽车、摩托车、列车、飞行器、自行车等。这类产品生产投入很高，在投入生产之前必须制作模型来进行研究和探讨，以减少投资风险。造型、人机工程学测试、空气动力学测试、力学测试、材料测试、安全测试等试验必须在模型解读中做出准确的判断。因此，模型的精确性要求特别高。在教学中，这类模型一般用油泥、精密泡沫、ABS等材料制作，以便于反复的修改和评价（图2-13）。在这个阶段要不断地进行数据的输入和输出，以改善设计获得最佳的方案。

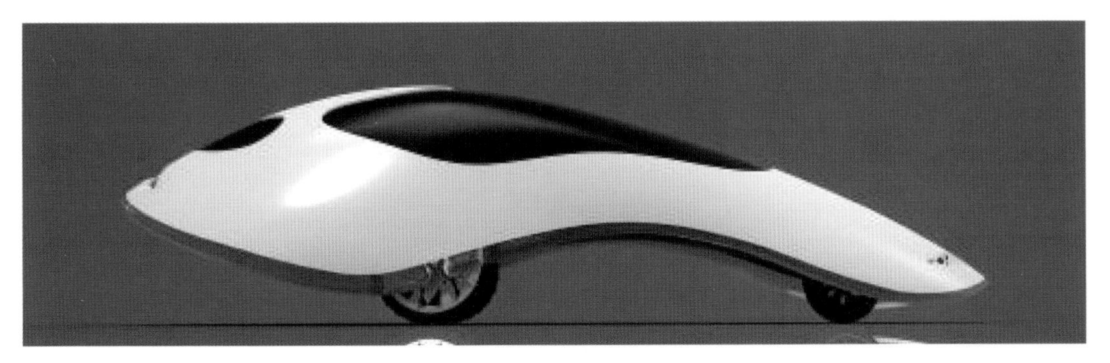

图2-13　概念车模型

由于交通工具体量较大，在模型制作时一般采取缩小比例制作的方法。一是便于制作及修改，二是节省制作成本。

第三节　按模型材料分类

产品模型制作能选用的材料很多，主要选用易于加工，具有一定强度，不易变形的材料为宜。按照选用的材料制作模型可以分为：纸材模型、石膏模型、油泥模型、木材模型、玻璃钢模型、塑料模型（泡沫、有机玻璃、PVC、ABS）等。下面具体描述各种模型的特性。

一、纸材模型

在产品设计方案还没有定型阶段，常用卡纸制作产品设计的草案模型，以利于设计方案的修改。一般选用深灰印刷纸、白卡纸、纸箱纸、白板纸等。这类纸材具有一定的硬度，表面比较光滑、平整，还耐折，制作的工具一般只需要钢尺、戒刀、胶水即可。易于制作和上色，能较好地表达产品的形态和体量关系（图2-14）。

图2-14　火车纸模型

二、石膏模型

石膏是一种天然的含水硫酸钙矿物。石膏是模型制作中常用的材料。其优点是容易塑性、加工方便、价格便宜、易于上色和保存，具有一定的强度又不易变形。其缺点是较重、易碰碎、较难修补。石膏模型（图2-15）适合制作大件的物体。

三、油泥模型

油泥有一定黏性和油性。油泥有软油泥和硬油泥之分。软油泥用手温就能把油泥变得柔软，方便使用；而硬油泥一般需要用烤箱加热才能使用。由于硬油泥的性能比较稳定，目前大多数设计师都用硬油泥来制作模型。由于硬油泥切除和添加都十分方便，可以直接做实体模型，并能经常修改。按照设计的要求，在尺寸、形态、细节上可以进行较为准确的雕刻，其表面的着色也更有质感（图2-16）。

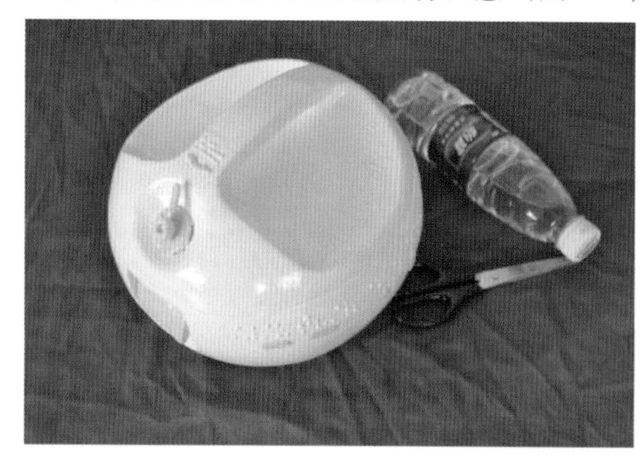

图2-15　电饭煲石膏模型（李赵锋）

图2-16　电饭煲油泥模型

四、木材模型

木材模型制作所选的材料是天然木材或复合板材，如实木、木芯板、胶合板、密度板、层板等，通常用来制作设计方案的定稿模型。其优点是强度高、不易变形、表面处理简单、适合制作较大的产品模型（图2-17）。但木材模型制作需要熟知一定的木工制作技术和木工工艺程序，操作有一定的危险性。所以，一般是在老师指导下进行制作的。

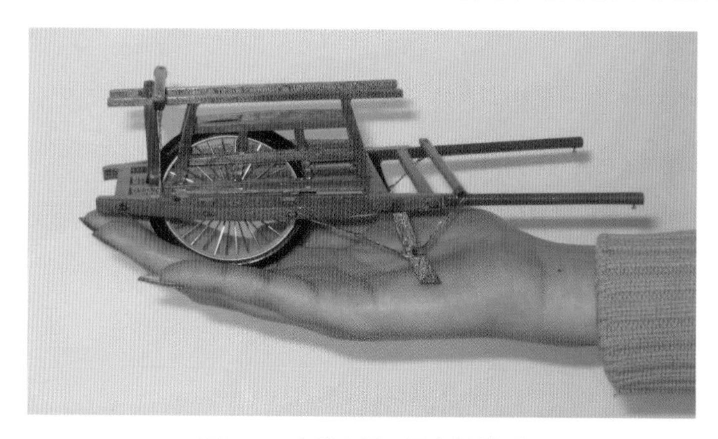

图2-17　古代交通工具木材模型

五、玻璃钢模型

图2-18　玻璃钢模型

玻璃钢是一种重要的工业产品造型材料，广泛应用于多种产品制造行业。用玻璃钢制作的模型不易变形、强度好、表面喷涂方便、利于保存，还可以做空心结构，适合制作大、中型的产品模型。缺点是成本较高、工具要求高、工艺较复杂、不便于修改，所以基本用于产品定型阶段的模型制作。如飞行器、概念车、船等大体积的产品设计模型（图2-18）。

六、塑料模型

塑料模型制作一般选用泡沫、有机玻璃、PVC板、ABS板等，是产品开发设计和改良设计确定后理想的模型材料，多用于仿真模型制作、产品样机制作（图2-19、图2-20）。优点是有多种加工方式，如机器和手工加工。容易成型、着色，是产品开发展示设计创意理想的工艺手段和材料。

图2-19　汽艇塑料模型

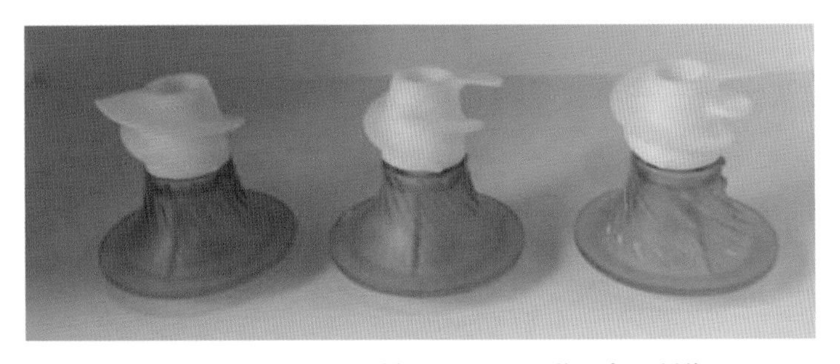
图2-20　塑料（ABS）模型（A-ONE学研中心制作）

单元训练与拓展

课题一：

用模型来表达设计创意

■ 要求：

(1) 设计一个产品，每个设计阶段都用制作的模型来表达。

(2) 用模型来展示设计想法。

(3) 时间：4学时。

■ 目的：通过对产品模型的认识，来掌握用模型表达设计观念。

课题二：

分小组讨论设计过程中可能用到的模型类型，描述其作用。

■ 要求：

(1) 每5位同学为一小组。

(2) 自选一个经典设计为题目。

(3) 时间：2学时。

■目的：通过对产品模型的分析，掌握产品模型在设计中的作用。

第三章　产品模型制作的前期准备

教学要求和目标

要求：了解产品模型制作的工具类型和工具的使用。

目标：模型制作的材料和工具是模型制作成型工艺中的重要部分。了解模型制作的一些常用材料，懂得模型材料的特性，正确掌握工具的使用方法，以及安全规范，并能根据实际需要合理地选择模型材料及工具。

教学要点：熟练掌握各种模型制作工具、加工方法及工艺技巧。

教学方法：课堂讲授与点评。

课时：8课时。

材料是构成产品的三要素之一。人类通过对材料的不断发现、利用，创造了各种各样的产品。随着科技的进步，人们的生活方式发生了很大的变化。因此，对材料的了解和对工艺技术的掌握是做好产品模型的关键。本章主要讲授模型制作中相关材料的一些基本知识。

第一节　产品模型制作的材料

能否选择合适的材料来进行设计表达是一个设计师成熟与否的表现。随着科技的创新，模型材料从传统走向现代，很多新材料和新工艺形成的多样性和复杂性，都对设计师掌握材料知识提出了新的要求。从模型制作的角度来看，对材料的合理利用体现了设计师对物质世界的认识，同时也为设计的创新提供了一个更广阔的空间。

常用的模型材料有：纸材、石膏、油泥、木材、塑料、金属等。

一、纸材材料

纸是我国四大发明之一。纸的品种很多，按照纸的加工方式可以分为手工纸和机制纸2类。手工纸以手工操作为主，利用帘网框架、人工逐张捞制而成，其质地松软，吸水力强，适合于水墨书写、绘画和印刷用。如中国的宣纸，其产量在现代纸的总产量中所占的比重很小。机制纸是指以机械化方式生产的纸张的总称，如印刷纸、包装纸、卡纸等，具有定量稳定、匀度好、强度较高等特点，较适合于印刷、包装、模型制作等。

制作模型的纸材一般使用机制纸，这种纸按照用途需要能方便地进行加工。行业内，每平方米重200g以下的称为纸，200g以上的称为纸板。纸板占纸总产量的40～50%。纸板具有一定的硬度，易于折叠和粘贴。所以纸板是做简单模型较理想的材料。

纸模型一般会选择120～180g左右的白卡纸、哑粉纸、亚光铜版纸、喷墨打印纸等来进行制作。制作模型的纸材尽量不要选择高光铜版纸，避免纸张吸墨。相片纸成本较高，表面光滑，在粘贴时不易粘牢。我国的台湾、香港地区一般也称为西卡纸或飞行纸。用喷墨或彩色激光打印机直接打印在卡纸上制作。纸张的厚度选择也可以根据纸模型的题材选择，一般涉及弧面的纸模型，如人物、模型龙骨蒙皮等选择120～150g的纸。建筑、坦克等弧面较少的可以采用150～180g的纸，个别也可以用200～220g的卡纸。

常见的纸材有:

(1) 拷贝纸：17g正度规格，用于增值税票、礼品内包装等，一般是纯白色的。

(2) 打字纸：28g正度规格，用于联单、表格，有七种颜色，即白、红、黄、蓝绿、淡绿、紫。

(3) 有光纸：35～40g正度规格，用于表格、便签等低档印刷品。

(4) 书写纸：50～100g大度、正度均有，用于低档印刷品，以国产纸居多。

(5) 双胶纸：60～180g大度、正度均有，用于中档印刷品，以国产、合资及进口为主。

(6) 新闻纸：55～60g滚筒纸、正度纸，一般用于报纸。

(7) 无碳纸：大度、正度纸均有，有直接书写功能，分上、中、下纸。有六种颜色，常用于联单、表格。

(8) 铜版纸：双铜80～400g正度、大度纸均有，用于高档印刷品。单铜，用于纸盒、纸箱、手提袋、药盒等。

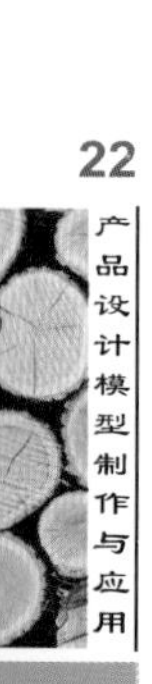

(9) 哑粉纸：105～400g用于雅观、高档彩印。

(10) 轻涂纸：52～80g正度、大度纸均有，介于胶版纸和铜版纸之间。常用于杂志、广告、插页。

(11) 白板纸：200g以上，用于产品包装。

(12) 卡纸：200g用于高档包装(图3-1)。

(13) 牛皮纸：60～200g，用于包装、纸箱、文件袋、信封等(图3-2)。

(14) 特种纸：一般以进口为主，主要用于封面、装饰品、工艺品、精品等印刷品。

1. 纸材的优点

(1) 易于购买、可以快速表达。

(2) 环保、无污染。

(3) 种类繁多，易于折叠、粘接。

(4) 质轻易存放。

2. 纸材的缺点

(1) 易吸水受潮。

(2) 硬度不强、易变形。

(3) 只适合制作大件模型和草模型，细节难以表达。

图3-1　有色卡纸

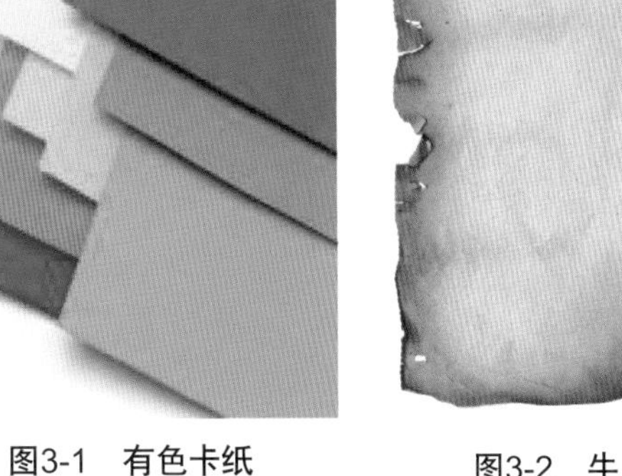

图3-2　牛皮纸

二、石膏材料

石膏模型是由石膏粉和适量的水调和的产物。石膏粉(图3-3、图3-4)与水混合调制成浆后，初凝不早于4分钟，终凝不早于6分钟。石膏粉和水的比例决定了石膏模型的气孔大小和硬度。水多则气孔大、强度低；水少气孔小，而强度高。一般用于制作模型的石膏浆按石膏粉与水的比例是1:1.3。一般用熟石膏粉来制作产品模型。熟石膏粉是制作产品模型的理想材料。

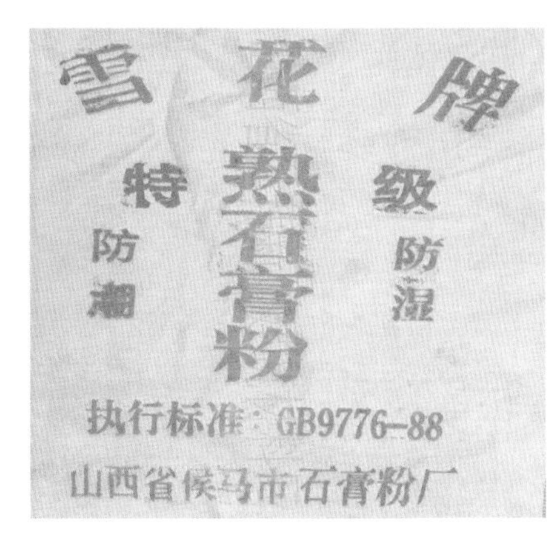

图3-3　石膏粉包装

图3-4　熟石膏粉

1. 石膏的优点

(1) 在不同的湿度、温度下，能保持模型尺度的精确和形体的稳定性。

(2) 材料安全性高。

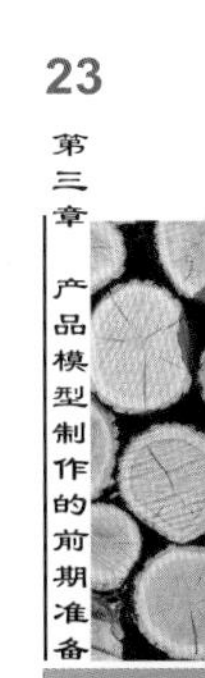

(3) 可塑性强，可以做不同造型的产品。
(4) 成本低。
(5) 使用方便，操作方法简单。
(6) 复制性高，可翻制。
(7) 化学稳定性好，不易与空气发生变化。
(8) 加工性能好，制作工具要求不高。

2. 缺点

(1) 有气孔和气泡，表面比较粗糙，加工精度不高，不易于喷涂。
(2) 减法加工法，造成一定的浪费。
(3) 材料较脆、易损坏。
(4) 材料强度较低，较重，不方便移动。
(5) 容易吸水受潮。

三、油泥材料

油泥又称雕塑油泥、工业模型设计油泥。油泥原材料主要是石蜡、石粉、凡士林、碳酸钙、色粉、水等。冬季常温下硬度 78 度，夏季常温下硬度 69 度，软化温度为 66 度，不含硫。油泥有片状(图3-5)和条状(图3-6)两种规格。加工油泥的主要设备是工业烤箱。

油泥几乎不会因温度变化而引起膨胀、收缩。好的油泥有着优秀的操作性，其色彩一致，质地细腻，随温度变化伸缩性小，容易填敷，能提供相当好的最终展示。特别是刮削性能好，有很好的平衡硬度、黏性、刮削性能。

油泥特别适用于制作等比例和缩小比例的汽车、摩托车、五金手板、工艺品、家电等产品的立体造型设计、模型制作，可塑性极强。

图3-5　片状精雕油泥

图3-6　条状精雕油泥

1. 油泥的规格

(1) 200克/片 。每片尺寸：15cm × 8cm × 1.5cm。
(2) 800克/条。每条尺寸：直径4.5cm、长27cm

2. 油泥的优点

(1) 常温下质地坚硬细致，可精雕细琢。适合精品原型、工业设计模型制作。
(2) 对温度敏感、微温可软化塑形或修补。

(3) 新产品薄片精雕泥土，用手温即可软化，塑形简便、适合教室教学习作。

(4) 不沾手、不收缩，比黏土更干净精密，精密度高，是工艺品业界原型制作的好材料。

3. 油泥的缺点

(1) 需要工业烤箱软化，操作场所受限制。

(2) 填补油泥时容易出现空腔，后期需要填补。

(3) 加工产生较多碎渣和碎片，回收难度较大。

(4) 加热油泥会产生一定的气味。

4. 使用方法

(1) 新产品薄片精雕泥土，用手温即可揉形。

(2) 两片胶合可用热吹风机软化表面再压合。

(3) 塑形后之厚块非常坚硬，如需要重新塑造，可用耐热塑胶袋装上，泡在热水中或装在筒内放进电锅中软化。电锅只要插电，不放水，调到保温半小时后即可软化。

油泥是工艺品业界原型制作的好材料，广泛用于工艺品、五金手板、塑胶、汽车、摩托车、电视机等模型，可塑性极强。

四、木材材料

木材(图3-7)是能够次级生长的植物，如乔木和灌木所形成的木质化组织。这些植物在初生生长结束后，根茎中的维管形成层开始活动，向外发展出韧皮，向内发展出木材。木材是维管形成层向内的发展出植物组织的统称，包括木质部和薄壁射线。木材对于人类生活起着很大的支持作用。根据木材不同的性质特征，人们将它们用于不同途径。

1. 木材类型

(1) 桐木，是最常用的模型材料，尤其是泡桐，具有比重轻、相对强度大、变形小、容易加工的特点。翼肋、蒙板、腹板、机身后段等应选用较轻的材料。后缘、尾翼梁、机身的纵梁等要用木质细密、纹理平直、强度较大的材料。

(2) 松木，东北松纹理均匀，木质细密，比较轻，不易变形，易于加工并富有弹性，是做模型中细长受力件的好材料。

(3) 桦木，材质坚硬，纹理均匀紧密，比重较大，是做螺旋桨的好材料。还可做发动机架等受力件。

(4) 椴木，是制作像真模型好材料，也可用于硬壳机身、螺旋桨和发动机架等。

(5) 水松，松软、纹理乱、易变形用作整形和填充。

(6) 轻木，制作模型较桐木好，可提高飞行性能，但价钱较高。

木料在使用时要考虑强度、刚性等特性。我国早在800多年前宋朝时期，建筑工匠李诫就将建筑用材料断面高度与宽度比定为3：2。到了18世纪末19世纪初，英国汤姆士研究发现材料截面高与宽成3.46：2时，刚性最大；高与宽成2.8：2时，强度最大；高度与宽度相等时，弹性最大。在使用时根据模型的大小、结构来选择合适材料。

(7) 层板，椴木层板(图3-8)常用作机身隔框、上反角加强片等；桦木层板可做强度很大的蒙板，翼根部的翼肋、隔框和加强片等。另外，竹子也较常用在普及级的模型上。

木皮也叫薄木(图3-9)。是材料饰面的重要材料，会大量应用于木纹效果的表面上。

图3-7　木材

图3-8　椴木层板

图3-9　木皮

2. 木料的优点

(1) 易于加工、易于购买。

(2) 材料环保、真实、可触摸。

(3) 可以按照真实结构方式进行制作模型。

3.木料的缺点

(1) 需要特定的机器和工具辅助制作。

(2) 易受天气变化，易开裂。

(3) 粘接固定的时间较长。

4. 木料的加工

(1) 裁割，将木片多余的部分裁去，或是从木片上截取所需的木条和前后缘、腹板、翼肋等。切割时注意木纹方向，用力要先轻后重逐渐加力直至裁断，不可一刀裁，尤其是裁弧线时更要注意。

(2) 刨削，因现在制作材料多代为刨削，一般很少刨削木条、木片，除非自己制作或活动用较特殊规格的材料。现多用在制作遥控类较大模型机身或向真模型时，需要用刨削的方法修整表面，提高工作效率和制作质量。

(3) 拼接，用于木片的加宽和加长，注意拼接后要保持平整，加厚处理时要注意年轮的方向，使拼接后不宜弯曲变形。

(4) 打磨，打磨时要顺木纹方向，用力要均匀先重后轻，并选择合适的砂纸进行打磨。抛光前常用水砂纸打磨。

(5) 弯曲，在制作椭圆翼尖的前后或卷制薄壳机身时，都要将木料进行弯曲。主要方法有火烤、水煮、冷弯。可根据设备的要求灵活使用。

(6) 粘接，胶合剂较常用的有白乳胶、树脂胶、502胶水等。快干胶需自己配制，使用范围广，粘接较方便，缺点是有毒，不宜长期使用。白乳胶价格低廉，因固化时间太长，不利于模型的定型。易于定型的或利用工作台可以定型的模型及部件常使用白乳胶胶合。树脂胶因性能稳定、耐水、耐油、耐腐蚀而适用于发动机架等受力部件，要严格按胶合说明进行以保证胶合质量，还可用于修复工作等。502胶水也叫瞬间接合剂，几秒内就发生作用，使用十分方便。502胶水适于间隙小处缝隙的连接、修补，使用时要注意不要沾在眼睛或手上。

五、塑料材料

塑料为合成的高分子化合物，又可称为高分子或巨分子(图3-10)。Macromolecules，也是一般所俗称的塑料(plastics)或树脂(resin)，可以自由改变形体样式。它是一种利用单体原料以合成或缩合反应聚合而成的材料，由合成树脂及填料、增塑剂、稳定剂、润滑剂、色料等添加剂组成。

图3-10　塑料的原材料

塑料可区分为热固性与热塑性两类，前者无法重新塑造使用，后者可以再重复生产。

1. 塑料的优点

(1) 大部分塑料的抗腐蚀能力强，不与酸、碱反应。
(2) 塑料制造成本低。
(3) 耐用、防水、质轻。
(4) 容易被塑制成不同形状。
(5) 是良好的绝缘体。
(6) 塑料可以用于制备燃料油和燃料气，这样可以降低原油消耗。

2. 塑料的缺点

(1) 回收利用废弃塑料时，分类十分困难，而且经济上不合算。
(2) 塑料容易燃烧，燃烧时产生有毒气体。
(3) 塑料是由石油炼制的产品制成的，石油资源是有限的。

(4) 塑料埋在地底下几百年、几千年甚至几万年也不会腐烂。

(5) 塑料的耐热性能等较差，易于老化。

六、金属材料

金属是一种具有光泽、富有延展性、容易导电、导热等性质的物质(图3-11、图3-12)。金属的上述特质都跟金属晶体内含有自由电子有关。在自然界中，绝大多数金属以化合态存在，少数金属(如金、铂、银、铋)以游离态存在。金属矿物多数是氧化物及硫化物。其他存在形式有氯化物、硫酸盐、碳酸盐及硅酸盐。金属之间的链接是金属键，因此随意更换位置都可再重新建立链接，这也是金属伸展性良好的原因。

图3-11　铜

图3-12　铁

1. 机械性能

机械性能是指金属材料在外力作用下所表现出来的特性。

(1) 强度：材料在外力(载荷)作用下，抵抗变形和断裂的能力。材料单位面积受载荷称应力。

(2) 屈服点：称屈服强度，指材料在拉抻过程中，材料所受应力达到某一临界值时，载荷不再增加变形却继续增加或产生0.2%L。时应力值，单位用牛顿/毫米^2(N/mm^2)表示。

(3) 抗拉强度：也叫强度极限指材料在拉断前承受最大应力值。单位用牛顿/毫米^2(N/mm^2)表示。

(4) 延伸率：材料在拉伸断裂后，总伸长与原始标距长度的百分比。

(5) 断面收缩率：材料在拉伸断裂后、断面最大缩小面积与原断面积百分比。

(6) 硬度：指材料抵抗其他更硬物压力其表面的能力，常用硬度按其范围测定分布氏硬度(HBS、HBW)和洛氏硬度(HKA、HKB、HRC)。

(7) 冲击韧性：材料抵抗冲击载荷的能力，单位为焦耳/厘米^2(J/cm^2)。

2. 工艺性能

工艺性能指材料承受各种加工、处理的能力的性能。

(1) 铸造性能：指金属或合金是否适合铸造的一些工艺性能，主要包括流性能、充满铸模能力；收缩性、铸件凝固时体积收缩的能力；偏析指化学成分不均性。

(2) 焊接性能：指金属材料通过加热或加热和加压焊接方法，把两个或两个以上金属材料焊接到一起，接口处能满足使用目的的特性。

(3) 顶气段性能：指金属材料能承受于顶锻而不破裂的性能。

(4) 冷弯性能：指金属材料在常温下能承受弯曲而不破裂性能。弯曲程度一般用弯曲角度α(外角)或弯心直径d对材料厚度a的比值表示，a愈大或d/a愈小，则材料的冷弯性愈好。

(5) 冲压性能：金属材料承受冲压变形加工而不破裂的能力。在常温进行冲压叫冷冲压。检验方法用杯突试验进行检验。

(6) 锻造性能：金属材料在锻压加工中能承受塑性变形而不破裂的能力。

3. 金属的优点

(1) 导电、导热。

(2) 强度高、硬度高、耐磨性好，可用于制作外壳。

(3) 延展性好。

(4) 易于清洁，不易污损。

(5) 易于跟其他材料搭配使用。

4. 金属的缺点

(1) 密度大，比较笨重。

(2) 易于生锈和破坏。

(3) 绝缘性差。

(4) 缺乏色彩，感觉比较冷冰。

(5) 加工成本高，需要特定的设备加工。

七、其他材料

1. 黏接材料

黏接剂(图3-13、图3-14)是指通过黏接作用把两件物体(相同或不同材质)连接在一起，并具有一定的强度的物质。

图3-13　401胶水

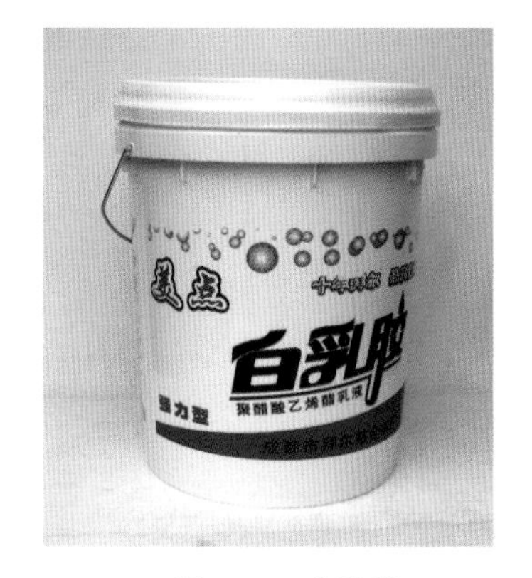

图3-14　白乳胶

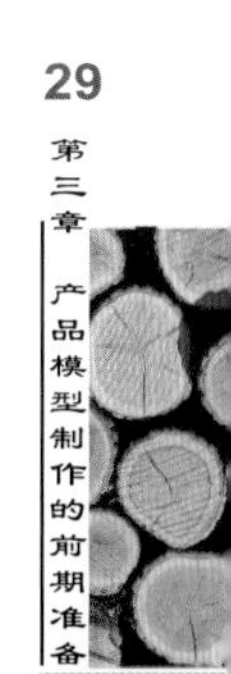

产品模型成型材料的多样性决定了所使用的黏接剂的不同，制作产品模型所需要的黏接剂以市场常见为主，见表3-1。

表3-1 常见的黏接剂

序号 \ 内容	金属	塑料	木材
1	环氧黏接剂	α氰基丙稀酸酯	白乳胶
2	聚氨酯黏接剂	UV光固化胶	豆胶
3	橡胶黏接剂	热熔胶	血胶
4	丙烯酸酯黏接剂	溶剂胶	氨基树脂胶
5	杂环高分子黏接剂	环氧胶	酚醛树脂胶

2. 黏接剂的选择原则

(1) 黏接剂必须能与被黏材料的种类和性质相容。

(2) 黏接剂的一般性能应能满足黏接接头使用性能(力学性能和物理性能)的要求。同一种胶所得到的接头性能因黏接技术参数选取不同而有较大的差异。因此，在黏接剂选定后，还应遵守生产厂家提出的黏接技术规范，只有这样，才能获得优质的黏接接头。

(3) 考虑黏接过程的可行性、经济性以及性能与费用的平衡。

3. 腻子材料

在模型制作后期或着色之前，常常使用腻子来填补不平整的表面以提高产品模型的外观光滑。腻子的刮涂以薄刮为主，每刮涂一遍等待晾干后，用不同目数的砂纸进行打磨。反复几次，直到符合喷涂工艺要求后为止。

1)腻子类型

模型制作常用的腻子分为两种：即过氧乙烯腻子和苯乙烯腻子。

(1) 过氧乙烯腻子(俗称塑料腻子)。

过氧化乙烯腻子是由各色过氧乙烯涂料和体质颜料加固化剂配制而成。由于过氧乙烯涂料是挥发性涂料，故腻子干燥时间短，大约15分钟。但是刮涂性比油性腻子差，只能在短时间内刮涂而且不能多次反复，需刮涂一遍待干之后再刮涂。由于这种腻子附着力和防潮性能较好，适用于金属或木质模型的表面刮涂。

(2) 苯乙烯腻子(俗称原子灰)。

原子灰(图3-15)具有灰质细腻、易刮涂、易填平、易打磨、干燥速度快、附着力强、硬度高、不易划伤、柔韧性好、耐热、不易开裂起泡、施工周期短等优点。在各行业，原子灰现在几乎都取代了其他腻子。

根据不同行业不同性能要求，原子灰可分为汽车修补原子灰、制造厂专用原子灰、家具原子灰、钣金原子灰(合金原子灰)、耐高温原子灰、导静电原子灰、红灰(填眼灰)、细刮原子灰、焊缝原子灰等，可根据自己的要求选定最适合的原子灰产品。在油漆化工店、调漆店、油漆化工经销商、原子灰厂家等可购买得到适合的原子灰产品。

2) 腻子的使用方法

(1) 被涂刮的表面必须清除油污、锈蚀、旧漆膜、水分，需确认其干透并经过打磨。

(2) 将主灰和固化剂按100：（1.5～3）(重量计)调配均匀(色泽一致)，并在凝胶时间内用完(一般原子灰的凝胶时间从5分钟到15分钟不等)。气温越低固化剂用量越多，但一般不应大于100：3。市场上的原子灰分有夏季型及冬季型，根据季节气温的不同使用不同类型的原子灰。

(3) 用刮刀将调好的原子灰涂刮在打磨后的双组分底漆或以前处理好的板材表面上，如需厚层涂刮，最好分多次薄刮至所需厚度。涂刮时若有气泡渗入，必须用刮刀彻底刮平，以确保有良好的附着力。一般刮灰后0.5～1小时为最佳湿磨时间(水磨抛光，需待水汽干透后方可喷漆)，2～3小时为最佳干磨时间。

(4) 打磨好后除掉表面灰尘，即可喷涂中涂漆、面漆、罩光清漆等后继操作。如对要求高的场合，在原子灰打磨后，还需刮涂细刮原子灰(红灰、填眼灰)以填平细小缺陷，再喷涂显示层并打磨来检查细小缺陷，然后再作后续喷涂。

图3-15　原子灰

4. 喷涂材料

喷涂材料包括喷漆(图3-16)和涂料。涂料是一种以高分子有机材料为主的防护装饰性材料，能涂敷在物品的表面，并能在被喷涂物的表面上结成完整而坚硬的保护涂层。

在产品模型制作中，涂料是产品外观的重要表现材料，它既能保护模型的表面质量，又能增强模型外观的视觉效果。由纸、油泥、石膏等材料制作的研究模型不需要喷涂外，木材、金属、塑料材料制作的模型均需要喷涂。常用的涂料有醇酸树脂涂料和硝基涂料。

(1) 醇酸树脂涂料，以醇酸树脂为主要物质的材料。主要特点是能在温室条件下自干成膜，涂膜具有良好的弹性和耐冲击性，喷涂表面丰满光亮、平整、耐久性好，具有较高的粘附性、柔韧性和机械强度，价格比较硝基便宜。

(2) 硝基涂料(图3-17)，以硝化纤维素为主要原料，加入合成树脂，增塑剂及溶剂制作而成，易于挥发，俗称喷漆。

图3-16　喷漆

图3-17　硝基涂料

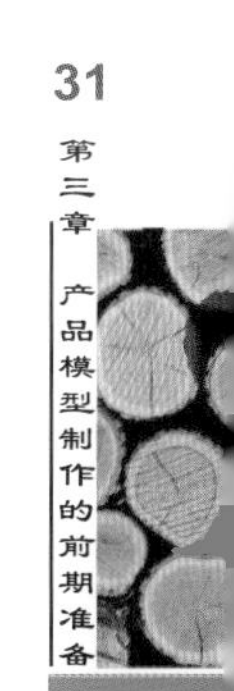

5. 打磨材料

砂纸，俗称砂皮(图3-18)。砂纸是一种供打磨用的材料。原纸全部用未漂硫酸盐木浆抄成，纸质强韧，耐磨耐折，并有良好的耐水性。它是将玻璃砂等研磨物质用树胶等胶粘剂粘着于原纸，经干燥而成，用以打磨金属、木材等表面，以使其光洁平滑。

根据不同的研磨物质，砂纸分为金刚砂纸、人造金刚砂纸、玻璃砂纸等多种。干磨砂纸(木砂纸)用于磨光木、竹器表面。耐水砂纸(水砂纸)用于在水中或油中磨光金属或非金属工件表面。

按用途分类：

(1) 海绵砂纸：适合打磨圆滑部分，各种材料均可。

(2) 干磨砂纸：适合粗加工或者打磨一些比较粗糙的东西，比如铁管金属等。

(3) 水磨砂纸：质感比较细，水磨砂纸适合打磨一些纹理较细腻的东西，而且适合后加工。

常用砂纸型号有常用的有400#、600#、1000#、1200#、1500#、2000#。

图3-18　砂纸

第二节　模型制作的工具

“工欲善其事，必先利其器”。模型制作中，合理使用工具是一个设计师思考设计的过程。了解各种模型制作材料的材质、特性等，才能合理地选择加工工具。制作模型主要的工具分为手动工具和电动工具两种。

一、手动工具

1. 量具

模型一个很重要的原则就是比例和尺度。它们决定了一个模型精确程度。用来测量比例和尺度的工具称为量具。量具用于模型制作整个过程，是制作模型最常用的工具。有多少量具，如何选择合适的量具，对于初学者来说十分重要。

常见的量具有：直尺、蛇尺、卷尺、直角尺、比例尺、游标卡尺、高度游标卡尺、万能角度尺、水平尺等。

1) 直尺

直尺是用来测量长度、画线用(图3-19、图3-20)。尺的刻度多为单一的公制刻度，有些尺子背面附有公尺、英尺长度换算表。尺的材料一般是木材、不锈钢、塑料等。常用的规格有150mm、200mm、500mm、1000mm、1200mm、1500mm、2000mm。

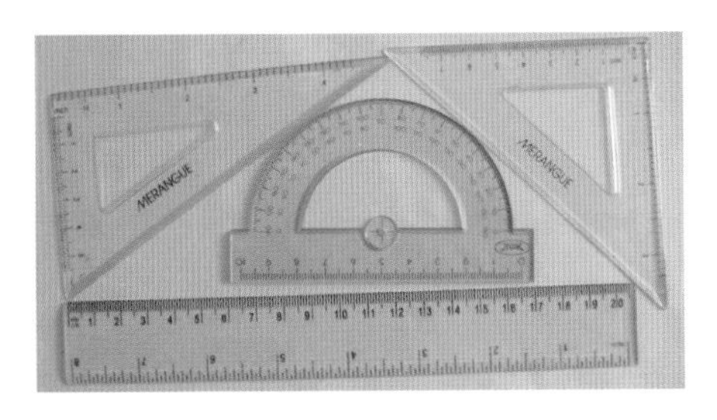

图3-19　塑料尺

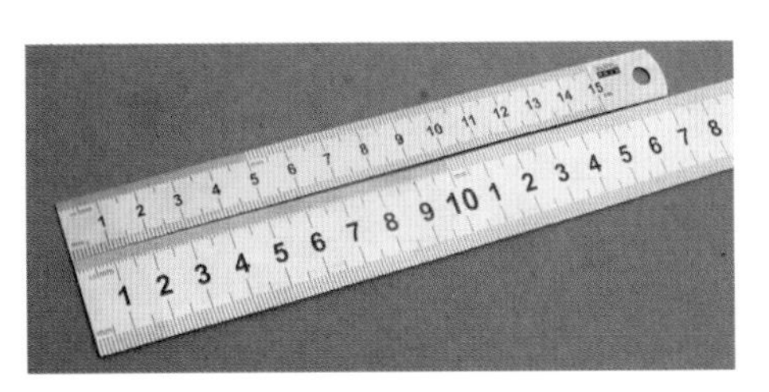

图3-20　钢尺

2) 蛇尺

蛇尺，又称蛇形尺、自由曲线尺，绘图工具之一(图3-21)。为一种在可塑性很强的材料(一般为软橡胶)中间加进柔性金属芯条制成的软体尺，双面尺身，有点像加厚的皮尺、软尺，可自由摆成各种弧线形状，并能固定住。

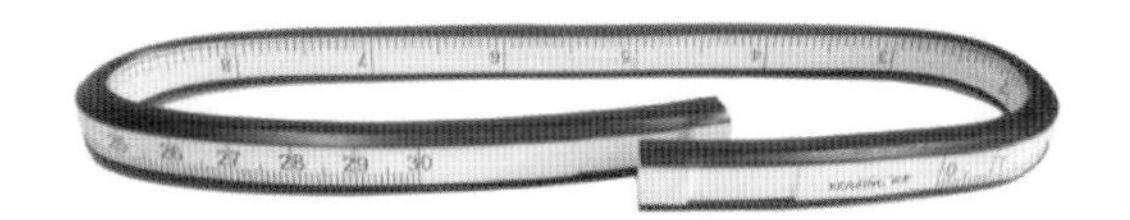

图3-21　蛇尺

蛇尺因柔软如蛇而得名，可曲度相当高，一般用于绘制非圆自由曲线。当画曲线时，先定出其上足够数量的点，将蛇尺扭曲，令它串连不同位置的点，紧按后便可用笔沿蛇尺圆滑地画出曲线。除蛇尺外，绘制此类曲线时还可以采用曲线板。另外蛇尺在曲线边缘标有刻度，也可用于测量弧线长度，但由于其精度不高，并且分布欠均匀，会有一定的误差。

蛇尺的规格有30cm(12")、40cm(16")、50cm(20")、60cm(24")、75cm(30")、90cm(36")。

3) 卷尺

卷尺的尺寸分公制和英制两种。卷尺(图3-22)一般用于较大模型的量度，与直尺不同的是卷尺可以测量曲面尺寸，携带方便。卷尺的材料主要是金属、皮和布。常用的规格有1m、2m、5m等。

图3-22　卷尺

4) 直角尺

直角俗称为弯尺，有大小之分(图3-23、图3-24)。是木加工画线和检验工件垂直和直角的工具。常用的有以下三种：

(1) 木工直角尺。由两条互为90°的直角边和45°角的

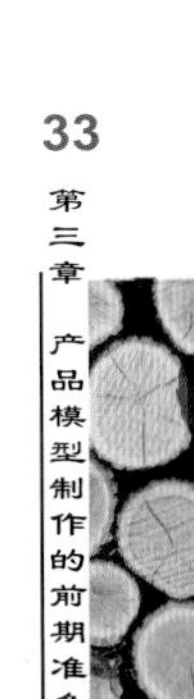

斜边组成，是木模型画线的主要工具，分木制和金属两种。

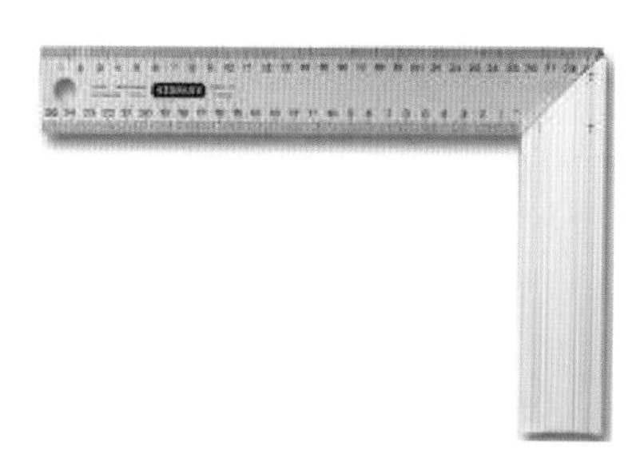

图3-23　固定直角尺

图3-24　使用方法

(2) 组合角尺(图3-25)。由不锈钢材质的长工作边和铸铝材料的尺座两部分组成，边工作边可以前后移动调节尺寸，常用于塑料板料下料使用。

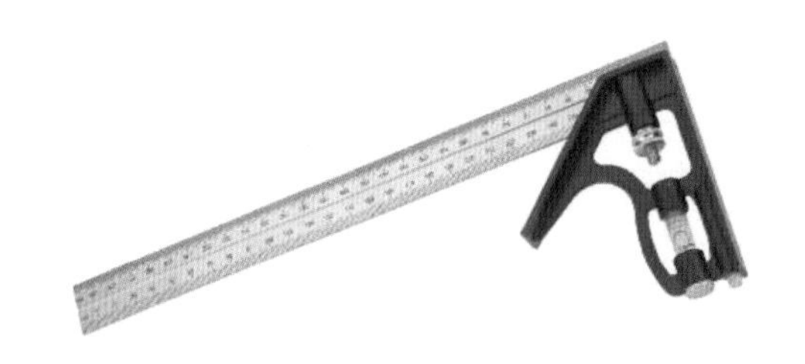

图3-25　组合角尺

5) 游标卡尺

游标卡尺是一种精密度较高的量具(图3-26)，主要用于测量金属或塑料零件的内径、外径和孔深度等尺寸数据。游标卡尺的主要结构是由主尺和副尺组成，主尺和固定量爪制成一体，移动副尺可以调节量爪的间距。

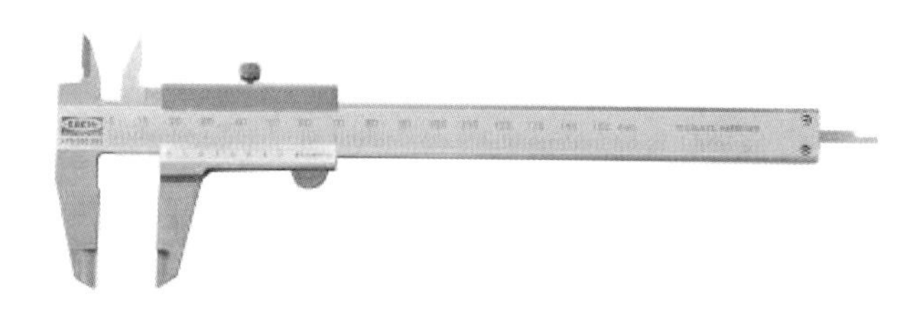

图3-26　游标卡尺

6) 高度游标卡尺

高度游标卡尺主要是用于平台上测量模型工件的高度和画线(图3-27)。主尺和基座固定在一起，副尺和画线量爪组合在一起，副尺和微调装置可以沿主尺上下移动。

7) 万能角度尺

万能角度尺俗称量角器，是一种能任意调整角度的画线尺(图3-28)。它由角尺、游标尺、扇形板、尺座、基尺等组成。基尺固定在尺座上，扇形板和游标尺、尺座之间可以做相对移动。

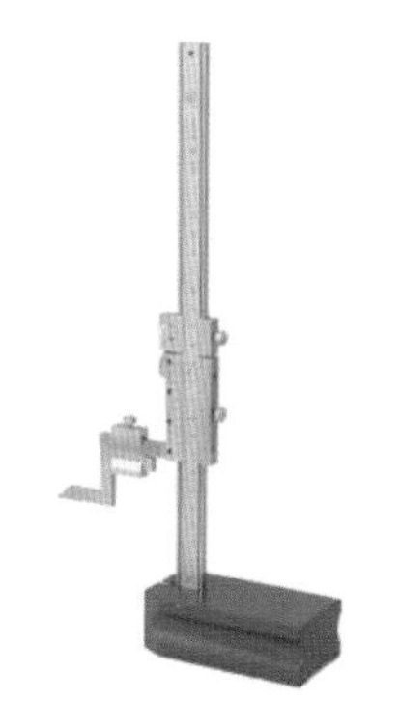

图3-27 高度游标卡尺

图3-28 万能角度尺

8) 水平尺

水平尺是由金属主体和水准器组成(图3-29)。水准器由密封的玻璃管组成，内装有酒精或乙醚，并留有一个小气包，外表面有等分刻度。使用时，将水平尺放在模型工作台的平面上，如果表面为水平状态，则水准器的气泡应该静止在刻度线中间位置。

2. 画线工具

根据图纸或事物的尺寸，在准备加工的模型的表面画出加工界线的工具称为画线工具。常见的有画针、画规、画线平台等。在画线的过程中需要和其他的工具配套使用。

1) 画线针

画线针由钢材做成，一般是白钢、弹簧钢(图3-30)。在细小的一端焊接上硬质的合金为针头。然后将针端磨成15° ~20° 的尖角。由于针头比较坚硬和锋利，所以在一般的材料上画线是没有问题的。

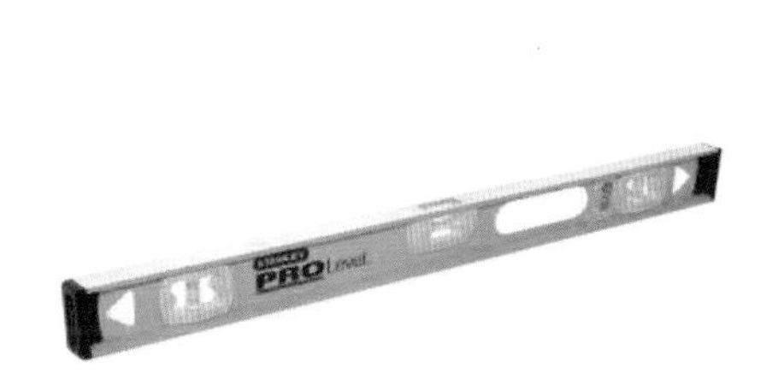

图3-29 水平尺

图3-30 画线针

2) 画规

画规主要分为画线规和切割规两种。画线规的一端是碳笔，切割规的一端是刀片。画规主要用于画圆、画弧、测量两点的尺寸、找圆心和切割圆等。常用的画规(图3-31)有普通圆规、弹簧画规、地规。

3) 画线平台

画线平台也称为画线平板，用铸铁制成(图3-32)。工作台面是经过机械加工和实效处理，最后经过打磨而成。工作台面比较光滑平整。平台需要水平放置，以保证工作的准确性。一般模型室都是采用1000mm × 1500mm规格的画线平台。

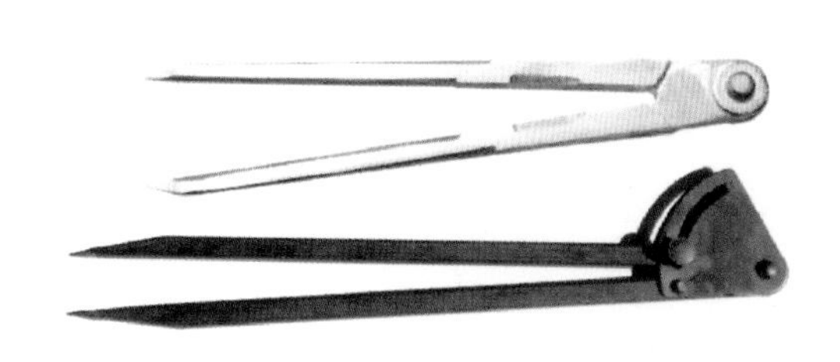

图3-31　画规

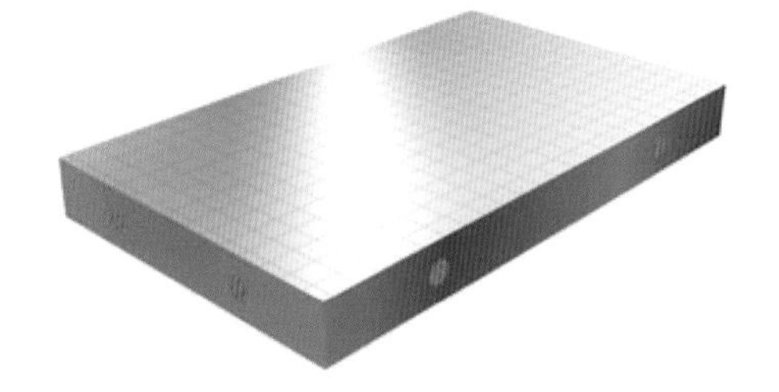

图3-32　画线平台

3. 锉削工具

用锉刀在模型的工件上进行加工处理，使其达到使用要求的形状、大小，以及表面处理的加工方法叫锉削。常见的锉削工具是钢锉、特种锉、整形锉。

(1) 钢锉是一种由高碳工具钢制成，并经过高温处理(图3-33)。大致可分为普通锉、特种锉和整形锉三类。常用的锉的规格为100mm、150mm、200mm、250mm等。锉刀断面的形状有方形锉、平板锉、圆形锉、三角形锉、半圆形锉、菱形锉、椭圆形锉等。

(2) 特种锉用来锉削零件的特殊表面，有直形和弯形两种。

(3) 整形锉适用于修整工件的细小部位，由许多各种断面形状的锉刀组成一套。

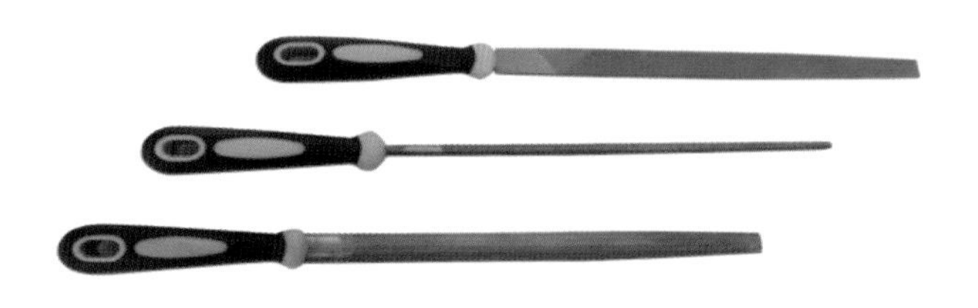

图3-33　钢锉刀

4. 切割工具

以金属刀口或锯齿切割模型材料的加工方法称为切割。用来进行切割加工的工具是切割工具。常用的切割工具有美工刀、勾刀、曲线锯、弓锯、木工锯、板锯、管子锯等。对于这些利器，我们务必正确地使用，以免受伤。

1) 美工刀

美工刀也俗称刻刀，是做美工用的刀(图3-34)。由塑料或金属的刀柄和金属刀片组成，为抽拉式结构。刀片多为斜口，用钝可顺片身的画线折断，出现新的刀锋，方便使用。刀片常有80mm × 9mm、100mm × 17mm两种类型，一般用于切割纸材、塑料板等。

2) 勾刀

勾刀一般用于切割较薄的塑料板和有机玻璃，也是美工刀的一种(图3-35)。使用方法：开始较轻地在板上画线，定好轨道后，逐步用力，一般不需要把板材切完全割断，即可掰断。

图3-34　美工刀

图3-35　勾刀

3) 钢锯

钢锯是由锯弓和锯条组成，锯弓主要作用是张紧锯条，调节锯条松紧(图3-36)。主要材料是塑料和金属。锯条安装的正确方法是锯齿方向向前。常用锯条的规格是：长150mm、宽6mm、厚0.5mm。

4) 木工锯

木工锯是加工木材工件最主要的工具之一，由锯框和锯条组成(图3-37)。锯框由锯梁、手柄、松紧钢绳等组成，锯条的锯齿左右错开，两者之间的宽度要大于锯条的厚度。锯割时可以两个人合作使用，锯割木材极为省力。

图3-36　钢锯

图3-37　木工锯

5) 管子割刀

管子割刀一般用来剪割ABS、PVC、PP-R 等塑管子的剪切工具(图3-38)。刀身材质一般采用铝合金、铁等。刀片采用高温淬火制造，用材有65MN 不锈铁SK5等，硬度在48～58度之间，能较省力地剪割管子。

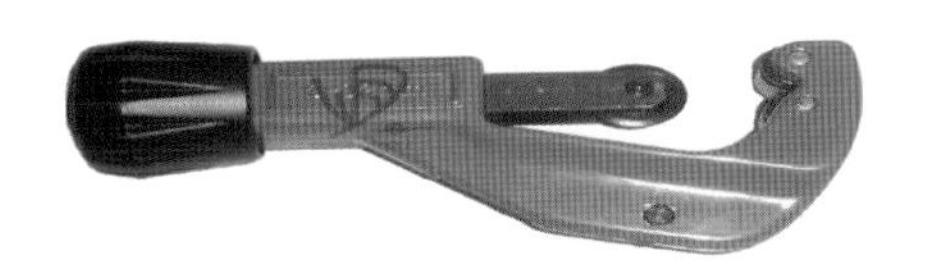

图3-38　管子割刀

5. 钻孔工具

加工材料或工件上的小孔的工具称为钻孔工具。常见的钻孔工具有手摇钻、木钻、锥子等。

1) 手摇钻

手摇钻的钻身由铸铁制成，可分为手持式和胸压式两种(图3-39、图3-40)。装夹圆柱柄钻头后，在金属或其他材料上手摇钻孔。最大钻孔直径为手持式：6cm、9cm；胸压式：9cm、12cm。

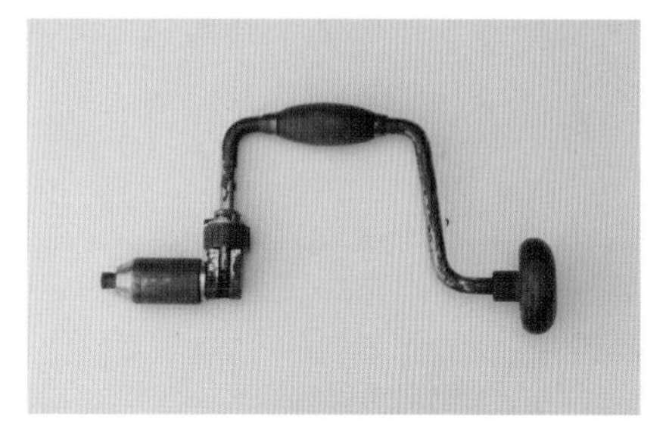

图3-39 手持式手摇钻

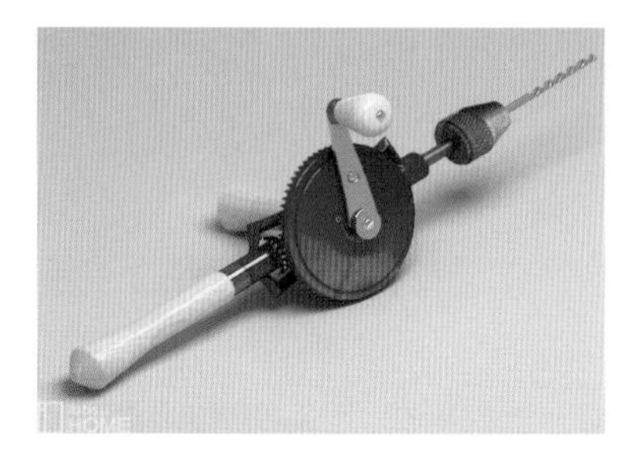

图3-40 胸压式手摇钻

2) 木钻

木钻与一般钻头不同的是，在钻头前端有一段螺纹，作用是便于对准孔位(图3-41、图3-42)。操作方法：当钻头钻到一定的深度时，应该逆时针钻出钻头，清理钻头上的木屑后再进行操作。钻穿木材时，应取出钻头从背面钻孔。

图3-41 自制木钻

图3-42 木工钻头

3) 锥子

尖锐的铁器，用来钻孔的工具(图3-43)。锥子主要分为两类，一是圆锥，是最常用的；二是类似圆锥但磨出了四条棱的，锥子主要用来钻孔，也可以在金属上画线用。

图3-43 锥子

6. 冲击工具

利用重力来加工工件的工具称为冲击工具。在使用冲击工具时要注意力度和节奏，特别注意选择合适的大小的冲击工具。常见的冲击工具有锤子等。

锤子是敲打物体使其移动或变形的工具(图3-44、图3-45)。由铸钢或铸铁做成锤头，木材，金属做成手柄。常用来敲钉子，矫正或是将物件敲开。锤子的种类有：圆头锤、羊角锤、橡皮锤、木工锤等

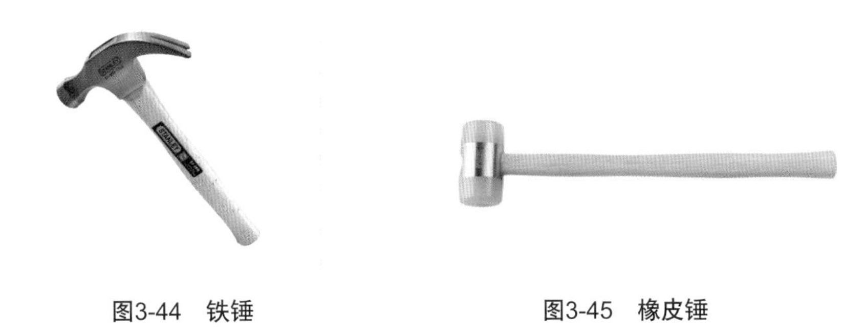

图3-44　铁锤　　　图3-45　橡皮锤

7. 刨削工具

利用人力使金属刃口对金属或非金属材料进行刨削的工具称为刨削工具。使用刨削工具要集中注意力及控制力度，以免误伤手指。常见的刨削工具有斧头、刨子、凿子、木刻刀等。

1) 斧头

斧身由低碳钢锻造而成，斧刃是高碳钢制成(图3-46)，适用于加工木料的粗加工。

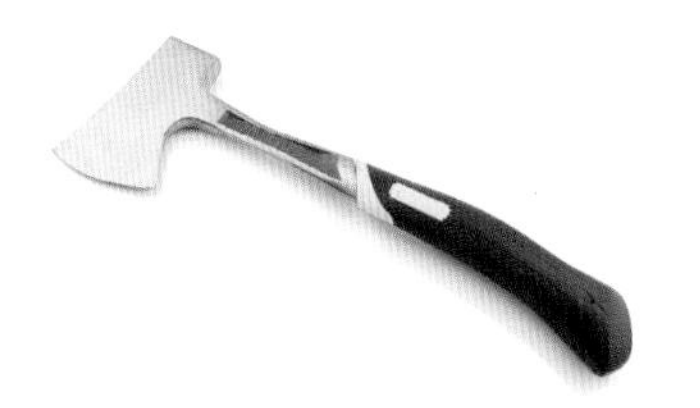

图3-46　斧头

2) 刨子

刨削是切削加工的一种方式。通过刨子，可以把木材或其他非金属材料的表面刨削平滑或挖槽等。使用时可以调节刀刃的高度，双手用力要均匀，顺着材料的方向进行推刨。常用的刨子有木刨、槽刨、铁刨等。

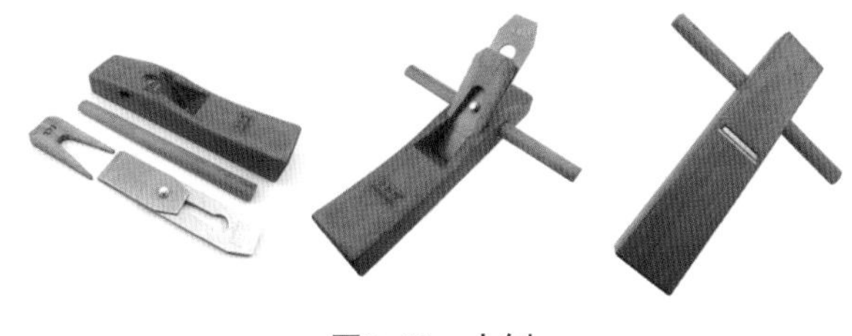

图3-47　木刨

(1) 木刨。

木刨分为平底刨和圆底刨(图3-47)，可以加工木材的表面，使木材变得光滑。木刨也分大小刨，尺寸有100mm、40mm、30mm等。

(2) 槽刨。

槽刨主要用来加工工件上的凹槽(图3-48)，通常根据槽的需要来选择刀刃的大小。

(3) 铁刨。

铁刨也叫做一字刨(图3-49)，它由低碳钢铸造而成，适合用来加工木材的曲面。

图3-48　槽刨

图3-49　铁刨

3) 凿子

凿子一般用于打眼(图3-50)。使用方法：左手握住凿把，右手持斧，在打眼时凿子需两边晃动，目的是为了不夹凿身，另外需把木屑从孔中剔出来。半榫眼在正面开凿，而透眼需要从材料背面凿一部分。

4) 木刻刀

木刻刀是美工刀的一种(图3-51)，适用于木质模型的雕刻和细致雕刻。木刻刀有不同形状和规格，用途广泛。

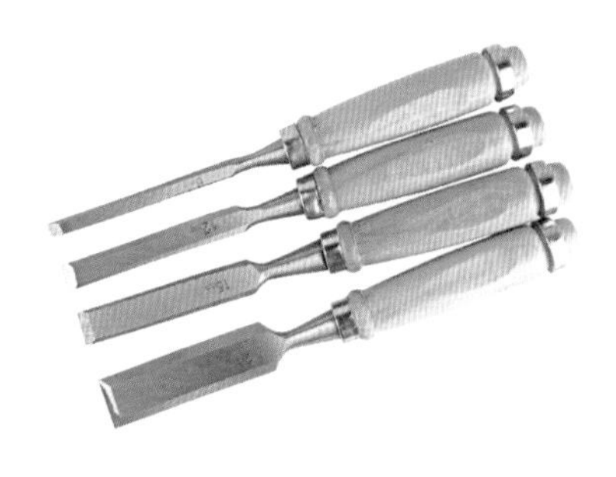

图3-50 凿子

图3-51 木刻刀

8. 固定工具

能固定材料和工件进行加工的工具称为固定工具。常见的固定工具有台钳、平口钳、“C”型钳等。

1) 台钳

台钳也叫台虎钳(图3-52)，由固定钳身和活动钳身组成，能较紧地夹住方形或圆形的工件和材料。台钳必须固定在台面上夹住工件和材料进行加工。台钳的规格有60mm、100mm、150mm、200mm等。

2) 平口钳

平口钳是一种装卡工具(图3-53)，不用固定在台面上，可以随意移动使用。钳口光滑平整，一般用来加工较精密的工件，也常用于折断塑料板条。

图3-52　台钳

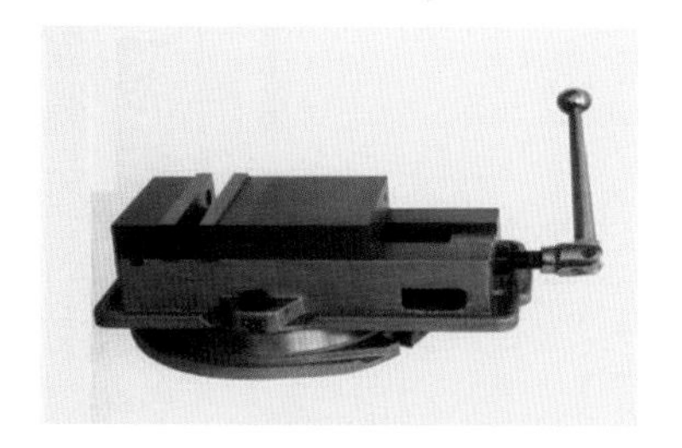

图3-53　平口钳

3) “C”形钳

钳身呈“C”形而得名(图3-54)。“C”形钳是由铁板冲压或铸铁制成，用于固定和夹紧材料，一般用于两块材料粘接没干之前固定之用。

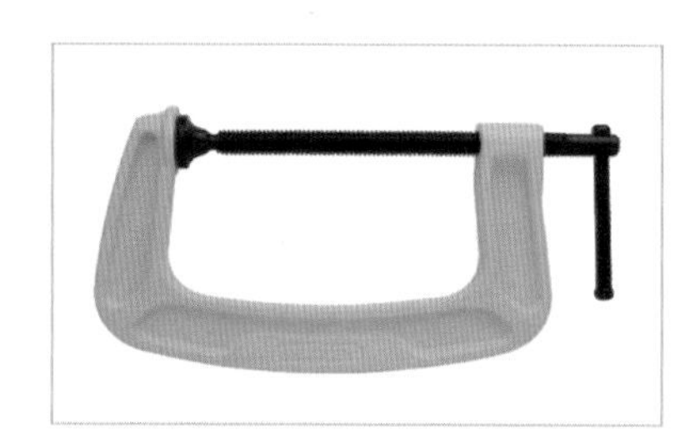

图3-54　“C”形钳

9. 装配工具

用于紧固或松卸螺栓的工具称为装配工具。在制作模型的过程中，特别是电子产品的转配需要注意装配的顺序及技巧，以免对工件造成损坏。常用的装配工具有活动扳手、开口扳手、内六角扳手、梅花扳手等。

1) 活动扳手

顾名思义，活动，即可以随意调节扳唇大小的扳手。主要原理是：一块扳唇是固定，另一块扳唇是活动的，通过旋动涡轮调节扳口的大小。活动扳手(图3-55)常见的规格有150mm、200mm、250mm、300mm等。

2) 开口扳手

常用于外露的螺栓松紧工作，可以直接把扳手套在螺栓上。适用于较窄的空间进行小范围转动。开口扳手(图3-56)有多种不同的尺寸可以选择。

图3-55　活动扳手

图3-56　开口扳手

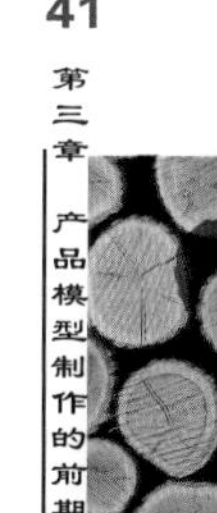

3) 内六角扳手

通过扭矩施加对螺丝的作用力，大大降低了使用者的用力强度。在现代家具安装工具中，内六角扳手(图3-57)虽然不是最常用的，但却是最好用的。

4) 梅花扳手

梅花扳手也称为星形扳手(图3-58)。两端具有带六角孔或十二角孔的工作端，适用于工作空间狭小，不能使用稍大扳手的场合。

图3-57 内六角扳手

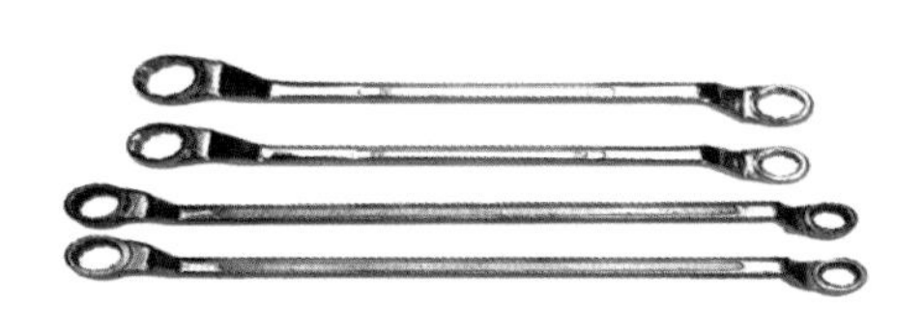

图3-58 梅花扳手

10. 低压电器工具

在制作模型时，特别是涉及电路的模型，需要用到电器元件。连接这些元件的工具称为低压电器工具。因为涉及电器，所以在操作时，务必注意安全和操作的规范性。

常见的低压电器工具有验电笔、钢丝钳、剥线钳、螺丝刀、电烙铁等。

1) 验电笔

验电笔(图3-59)一般用来判断电路中的火线和零线，并且坚持电路是否通电或漏电。检验之前，先在正常的电源上检验验电笔是否正常。验电笔只能对250V以下的电压进行测试。

2) 钢丝钳

钢丝钳(图3-60)主要用来弯曲金属，剪切金属之用，把手有绝缘的胶套。

图3-59 验电笔

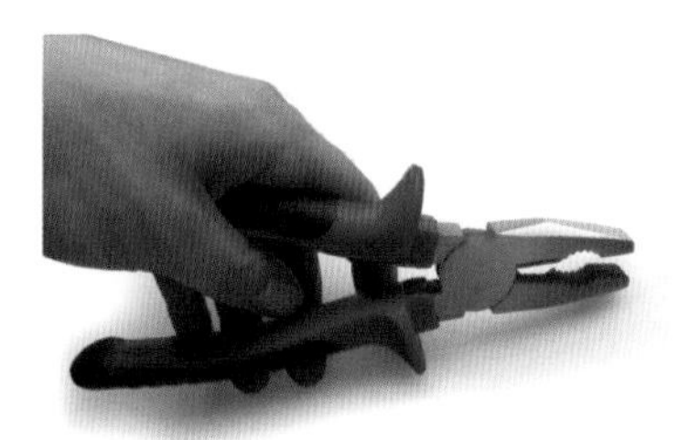

图3-60 钢丝钳

3) 剥线钳

剥线钳(图3-61)主要用于剥掉电线外皮的工具。使用方法：用钳头凹位夹住电线，用装有刀片的另一侧进行环割，然后推出被剪掉的外皮即可。钳口上有不同规格的圆孔0.6mm、1.2mm、1.7mm、2.2mm等。

4) 螺丝刀

按照刀头可分为一字型和十字型。螺丝刀(图3-62)是制作模型最常用的工具。

图3-61　剥线钳

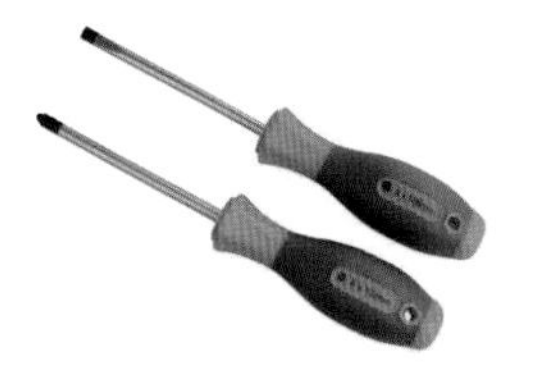

图3-62　螺丝刀

5) 电烙铁

电烙铁(图3-63)的原理是通过电热芯加热烙铁头来溶解锡而达到焊接的作用。由于该工具是高温受热的，很容易不小心烫伤，所以用完后应该及时拔掉电源。

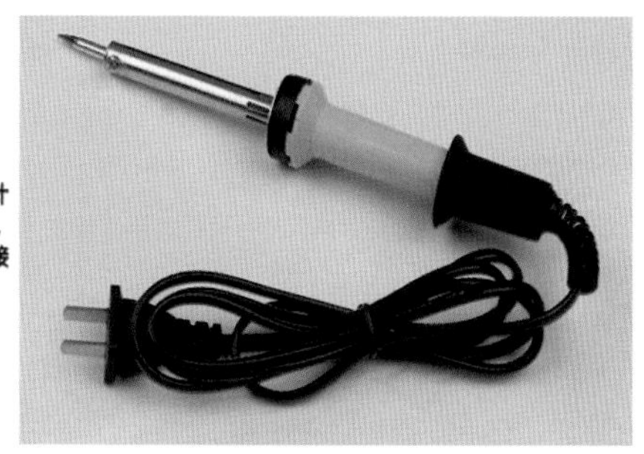

NO.01

本产品采用最新设计的固定电源线线槽，发热芯与电源线压接处不会扯断

图3-63　电烙铁

11. 其他工具

1) 泥塑刀

在制作泥塑或油泥模型时，需要用到泥塑刀。泥塑刀(图3-64)没有统一的标准。有很多工具是根据需要自己制作的。泥塑刀的材料一般是木材或金属。

2) 转盘

转盘(图3-65)是做泥塑的辅助工具。在制作模型时，能方便地转动转盘，从多个角度去观察对象，较全面地认识模型。

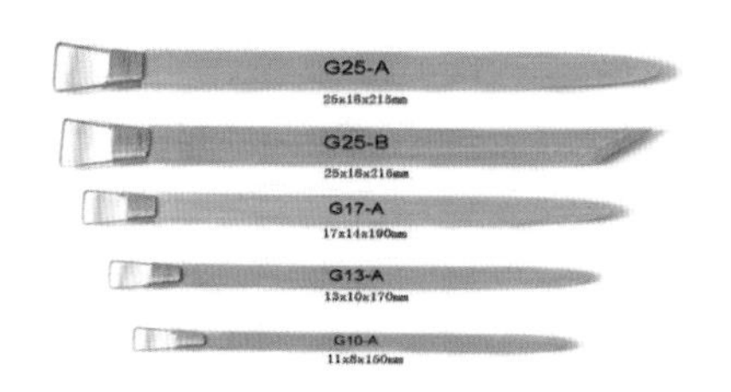

图3-64　泥塑刀

图3-65　转盘

3) 镊子

镊子(图3-66)一般是由金属电镀或不锈钢制作而成，主要用于夹持一些手指不方便拿起的小件物品，特别是在制作小件模型时，经常使用该工具。

4) 喷枪

喷枪(图3-67)主要用于模型表面处理的喷涂，例如喷漆。在喷壶里装好需要喷涂的颜色，摇匀。然后进行喷涂。值得注意的是，当喷涂不同颜色时，需要预先把不同颜色的部位遮挡起来。

图3-66　镊子

图3-67　喷枪

二、电动工具

1. 加热工具

可产生热能并用于加工的工具称为加热工具。常见的有工业烤箱、吹风机、电炉等。

1) 工业烤箱

工业烤箱(图3-68)由角钢、薄钢板构成，另外箱体加强，外表面复漆，外壳与内胆之间用硅酸铝纤维充填，形成可靠的保温层。工业烤箱应用的范围很广泛，可干燥各种工业物料、烤软油泥等，是通用的干燥设备，适用于材料整体加热。

2) 吹风机

吹风机(图3-69)是由一组电热丝和一个小风扇组合而成的。通电时，电热丝会产生热量，风扇吹出的风经过电热丝，就变成热风，适用于油泥或塑料工件局部加热。

3) 电炉

电炉(图3-70)由炉座、炉盘、电热丝组成，常用功率为1000W～2000W，适用于小部件热塑性塑料的加工。

图3-68　工业烤箱

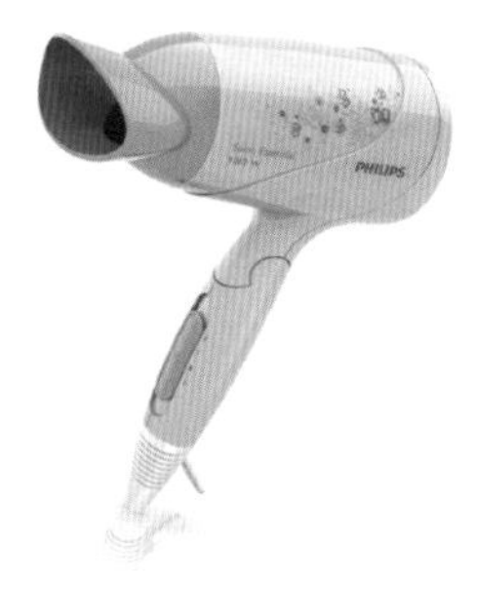

图3-69　吹风机

图3-70　电炉

2. 切割工具

切割工具主要用来切割模型大块材料。常见的切割工具有：手电锯(图3-71)、手电圆锯(图3-72)、手电钻(图3-73)、手提曲线锯(图3-74)等。

图3-71　手电锯

图3-72　手电圆锯

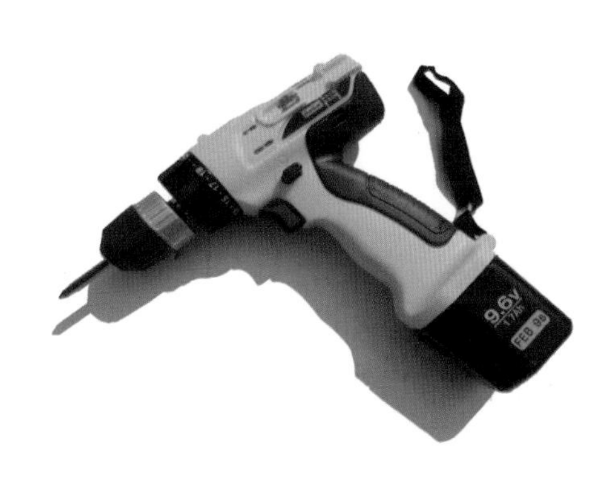

图3-73　手电钻

图3-74　手提曲线锯

3. 打磨工具

在模型制作中，电动打磨工具能快速打磨、修正模型外形。常用的工具有小电磨机(图3-75)、手提砂轮机(图3-76)等。

图3-75　小电磨机

图3-76　手提砂轮机

单元训练与拓展

课题一：

选择2件身边的产品进行测量，然后进行详细记录。

■要求：

(1) 选择合适的量具。

(2) 进行尺寸记录。

(3) 时间：1学时。

■目的：通过对产品的测量，了解产品结构，熟悉测量工具。

课题二：

选择一件实物产品，做一份模型制作工具清单。

■要求：

(1) 每位同学选取一件产品。

(2) 合理选取工具。

(3) 时间：2学时。

■目的：通过对产品的分析，合理利用产品模型制作的工具。

课题三：

任选一件几何体，选择合适的工具进行制作。

■要求：

(1) 每位同学选取一件几何形体。

(2) 合理使用工具。

(3) 时间：5学时。

■目的：通过对材料的理解，合理利用工具进行产品模型制作。

第二部分　实践篇

第四章　产品模型的制作方法

教学要求和目标

要求：了解产品模型制作中各种材料的制作方法。

目标：让学生了解模型制作的步骤及操作方法。模型制作方法是模型制作整个过程中的最重要部分。根据材料特性与加工工艺，合理地选择加工材料及加工方法，综合认识产品模型制作方法及其规律。

教学要点：了解和掌握各种模型的制作工具、加工方法及规范操作。

教学方法：课堂讲授与点评。

课时：30课时

本章主要是学习石膏模型、黏土模型、油泥模型、塑料模型、木模型等的制作方法与工艺。

第一节　石膏模型的制作

石膏是一种用途广泛的工业材料和建筑材料，它是单斜晶系矿物，主要化学成分是硫酸钙($CaSO_4$)。石膏可用于水泥缓凝剂、石膏建筑制品、模型制作、医用食品添加剂、硫酸生产、纸张填料、油漆填料等。

一、石膏的成型特性

石膏分为生石膏和熟石膏之分。天然二水石膏($CaSO_4 \cdot 2H_2O$)称为生石膏。经过煅烧、磨细可得β型半水石膏($CaSO_4 \cdot 1/2H_2O$)，即建筑石膏，又称熟石膏、灰泥。若煅烧温度为190℃可得模型石膏，其细度和白度均比建筑石膏高。若将生石膏在400～500℃或高于800℃下煅烧，即得地板石膏，其凝结、硬化较慢，但硬化后强度、耐磨性和耐水性均较普通建筑石膏为好。石膏模型适用于制作标准原型，交流展示等。

二、制作石膏模型的设备与工具

制作石膏模型的设备与工具有三视图、尺寸图、杯、碗、瓢、盆、自制纸盒、旧报纸、隔板、搅拌器、手动锯、刻刀、小铲、耐水砂纸、脱模剂、油漆刷、钢尺、高度尺、电动手提曲线锯、电钻、毛刷等。

三、石膏模型的制作方法

(1) 石膏浆的调制。先在容器中按比例放入清水，然后将适量的熟石膏粉慢慢撒入水中(图4-1)，直至容器内的石膏粉比水面略高一些(水与石膏粉比例为1.3：1)即可。

(2) 将石膏粉在水中泡1分钟，待石膏粉吸足水分后，用手或搅拌工具沿同一方向搅拌(图4-2)。为了防止空气进入石膏浆形成气泡，需将石膏浆搅拌至没有块状、团状，有一定的黏稠度为宜，等待凝固(图4-3)。

图4-1　往清水里撒石膏粉

图4-2　用手搅拌

图4-3　等待凝固

四、石膏模型的制作步骤

(1) 制作草图及三视图(图4-4、图4-5)。

(2) 用硬纸板制作模型的雏形(图4-6)，这样方便浇注石膏浆，为以后切割模型的基本轮廓提供方便。

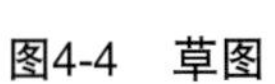

图4-4　草图

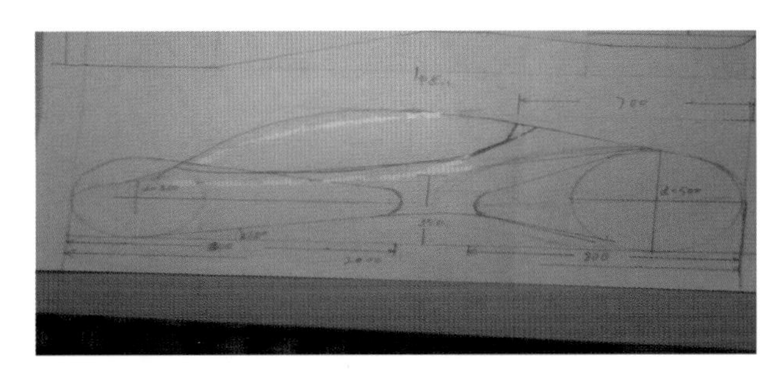

图4-5　尺寸图

(3) 在雕刻前，首先在石膏坯上绘制产品轮廓线(图4-7)，然后进行切削成型。技巧是先整体后局部，先方后圆。

(4) 切削产品大概外形，趁石膏没干透时进行加工。雕刻产品细节(图4-8)，就要等到石膏干透后进行加工。

图4-6　自制纸盒(注入石膏浆用)

图4-7　在石膏坯上画轮廓线

图4-8　雕刻细节

(5) 翻制成型。将模型翻制成石膏阴模，便于复制模型。

五、石膏模型翻制步骤

(1) 制作石膏模型，一般注重细节的刻画(图4-9～图4-13)。

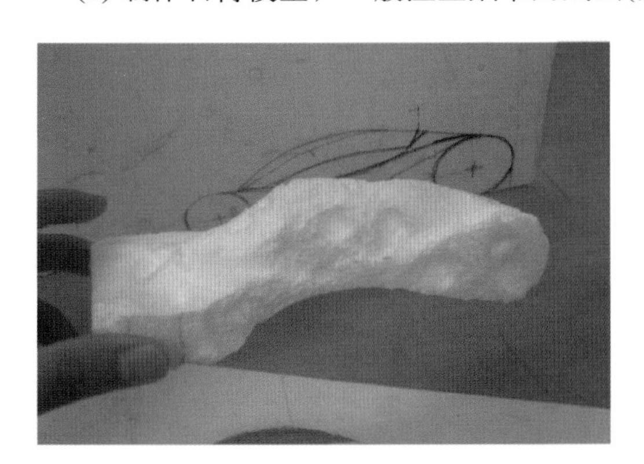

图4-9　模型泡沫内胎

图4-10　用PVC制作外轮廓造型

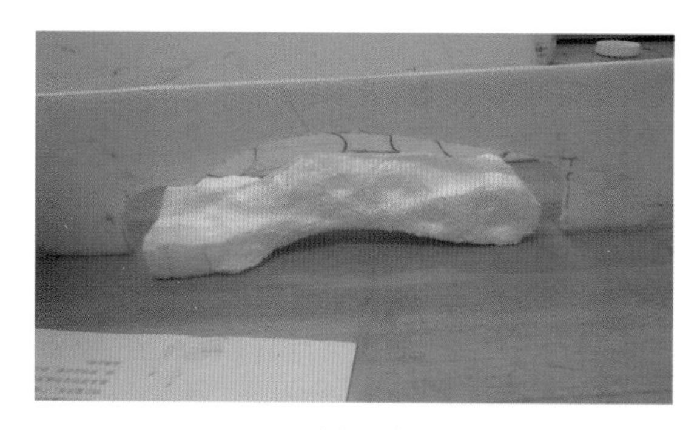

图4-11　外轮廓与内胎

图4-12　往内胎上加黏土，规范外轮廓

图4-13　雕刻细节

(2) 涂脱模剂(图4-14)，常用的材料有：肥皂液、石蜡、虫胶漆、凡士林及树脂等，在产品表面涂2至3遍，然后在模型表面贴上纱布(图4-15)。

(3) 制作模框(图4-16)。根据产品的大小，用木板、泡沫等材料制作。

图4-14　在模型表面涂上脱模剂

图4-15　贴上纱布

图4-16　制作石膏阴模

(4) 浇注石膏浆(图4-17)。根据产品的大小进行调配，然后浇注石膏阴模。

(5) 脱模修型(图4-18、图4-19)。石膏浆冷却后，即可除去分模片，取出产品原型，对石膏进行修补和细节加工。

(6) 翻制石膏模型。在石膏阴模内壁涂上脱模剂，然后浇注石膏浆，待石膏浆凝固时即可取出模型，然后对模型进行打磨喷涂(图4-20)。这是试产前一次全面的检测。

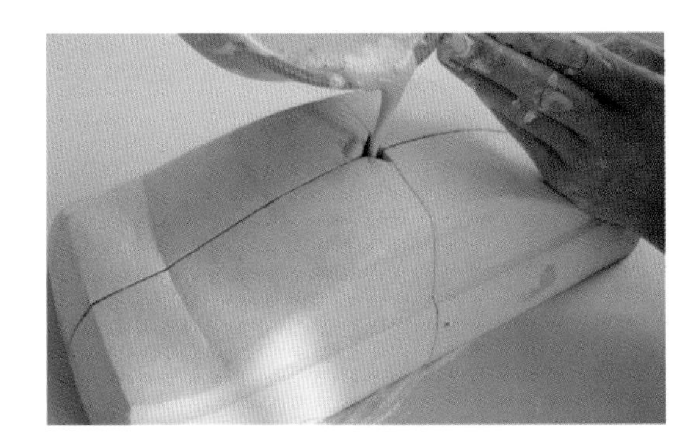

图4-17　浇注石膏浆

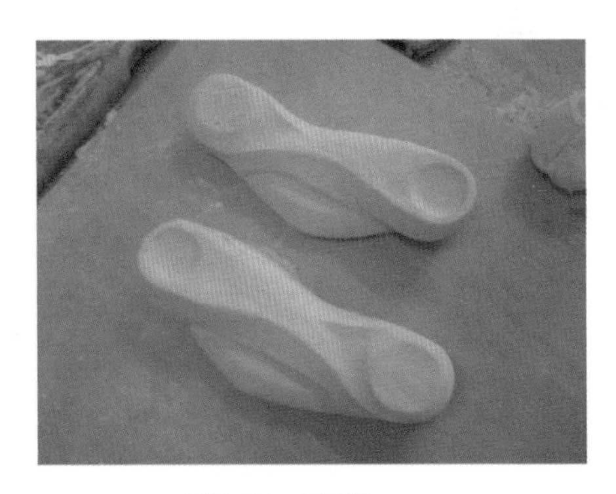

图4-18　脱模

图4-19　修型

图4-20　喷涂

第二节　黏土模型的制作

黏土是一种重要的矿物原料。它的颗粒细小，常在胶体尺寸范围内，呈晶体或非晶体。大多数是片状，少数为管状、棒状。黏土和油泥的特性比较相近，可以任意在模型上面进行增减，对产品进行细部刻画，所以设计师多用它来做较为精细的模型。

一、黏土的成型特性

黏土用水湿润后具有可塑性，在较小压力下可以变形并能长久保持原状，而且比表面积大，颗粒上带有负电性，因此有很好的物理吸附性和表面化学活性，具有与其他阳离子交换的能力。

黏土特别适合制作形态模型。由于黏土自身的特性，如果黏土中的水分失去过多，则容易使黏土模型出现收缩、龟裂、断裂等现象，不利于保存。所以，不适合在黏土模型表面进行喷涂等效果的处理。

二、制作黏土模型的设备与工具

制作黏土模型的设备与工具有：三视图、尺寸图、喷水壶、拌泥机、拉坯机、转盘、木槌、小刀、木板、画线规、泥塑刀、刮泥刀、铁线、木条、ABS树脂、轮廓模板、切割工具、锉削工具等。

三、黏土模型的制作方法与步骤

1. 黏土材料的准备

1) 选料

制作黏土(图4-21)模型尽量选用黏性比较强，且含沙较少的泥土，然后晾干。

图4-21　黏土原料

图4-22　浸泡黏土

2) 粉碎

将晾干的黏土原料破碎成颗粒，用目数较高的筛网过滤黏土。

3) 浸泡

将清水注入容器，把筛选出来的黏土颗粒均匀地撒入清水中直至水面为宜。务必等清水与黏土完全浸透后，再按同一个方向进行搅拌，形成泥浆(图4-22)。

4) 沥浆

将搅拌好的泥浆倒在事先准备好的石膏板上，通过干燥的石膏板将泥浆的水分吸走。待黏土不太黏手时，慢慢将其卷起。

5) 炼熟

将卷起的黏土放入炼泥机反复挤出，或者人工炼泥，即用手揉搓或摔打，直至黏土干湿适中不黏手，具有一定柔韧性即可。

6) 保存

将炼熟的黏土分块，用塑料袋(膜)包裹黏土，防止黏土水分蒸发(图4-23)。

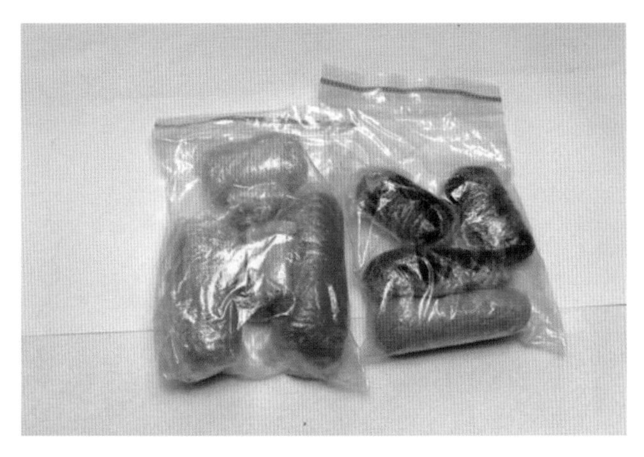

图4-23 用塑料袋包裹黏土

2. 黏土模型的制作步骤

(1) 绘制模型草图及三视图(图4-24)。

(2) 粗模的搭建。

这一步基本都是手工加工，在加工前首先对整个模型进行综合考虑，先整体后局部。把模型分为几块几何体，然后逐步加工细节。

(3) 搭建好内部架构(图4-25)，铺上黏土(图4-26)，形成大概造型(图4-27)。然后在黏土坯上画基准线进行刻画(图4-28、图4-29)。

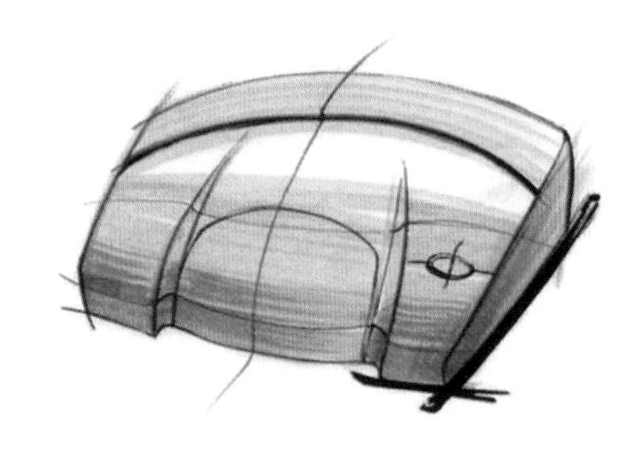

图4-24 草图

图4-25 模型内胎

图4-26　铺上黏土

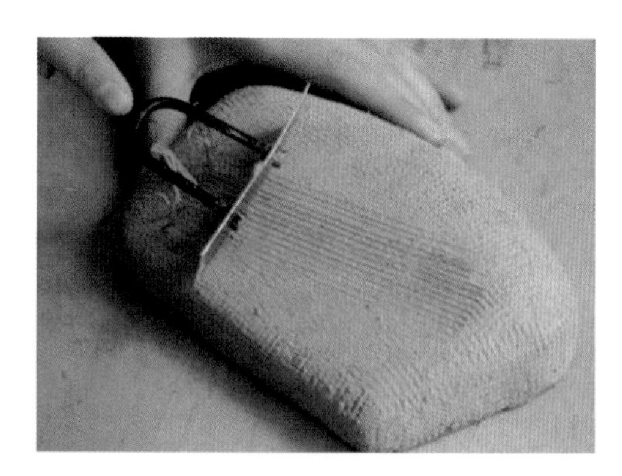

图4-27　塑造表面

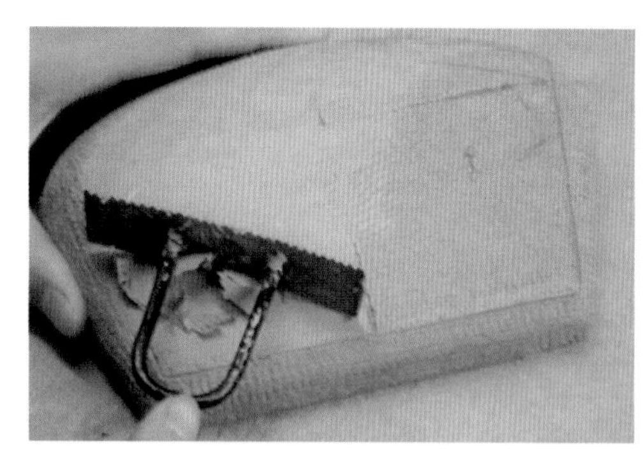

图4-28　画基准线

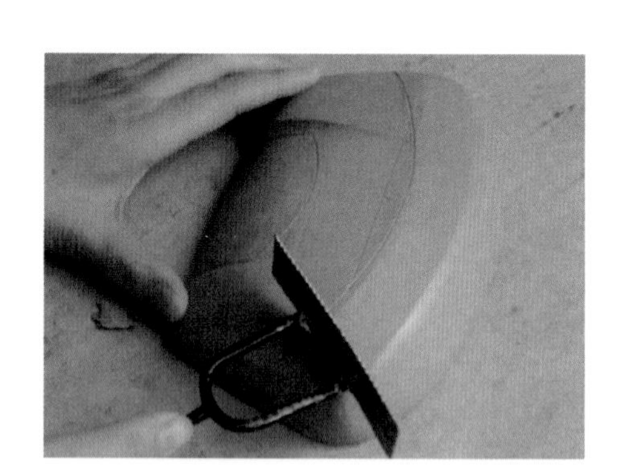

图4-29　刮削转折面

(4) 深入塑造。

以粗型的线、面为基本准则，进行模型局部的深入加工。这个阶段需要更多地考虑模型的结构关系，面与线的关系，以及各部分间的比例关系等，逐步使设计特点清晰化，明确各部分之间的关系(图4-30)。

(5) 整体调整。

对深入加工后的模型进行整体的调整。像画素描一样，注意线与面之间的关系，尽可能使其合理化。从不同的角度去推敲设计与模型之间的关系，使模型美观性与工艺性完美结合(图4-31)。

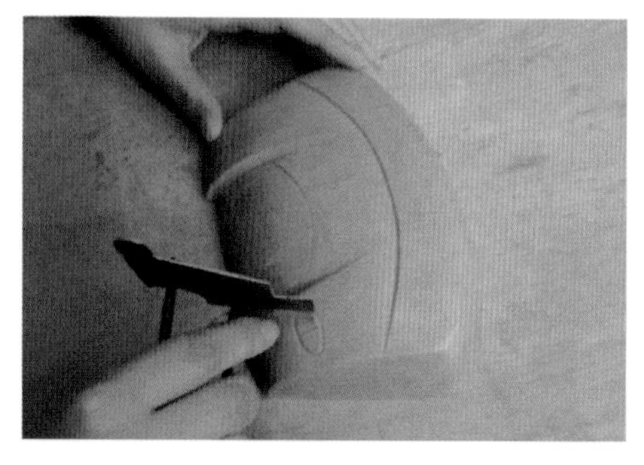

图4-30　刻画细节

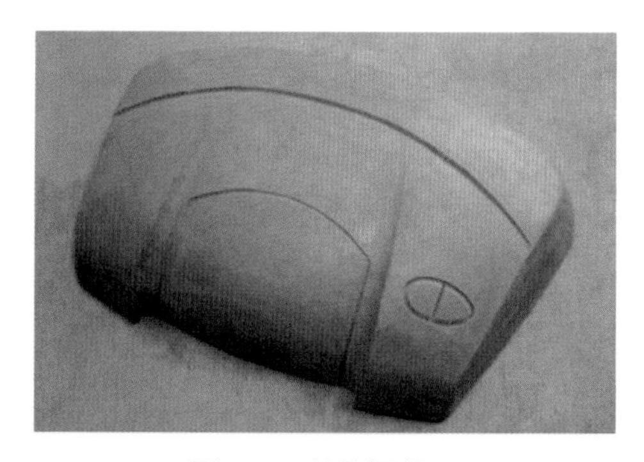

图4-31　整体调整

第三节　油泥模型的制作

常温状态下油泥具有一定的硬度与强度。专用油泥材料的价格很高，其制作成本的投入比较大。油泥材料适于制作标准原型、交流展示模型和功能试验模型等。

一、油泥的成型特性

做模型实际上是一个雕塑过程。油泥与一般的橡皮泥类似，但要求更高。油泥的材料主要成分有滑石粉(62%)、凡士林(30%)、工业用蜡(8%)。按照实际尺寸制作的油泥模型，可以配上真实的颜色，以观察产品造型的效果。

油泥材料的可塑造性极强，具有良好的加工性，可以制作出极其精细的形态。油泥不受水分的影响，不易干裂变形。它非常突出的特性是遇热变软，软化温度在60℃以上，随温度降低材料又逐渐变硬。这种特性使得在加工过程中随时需要有一个可控温度的热源，特别是在初期的基本形态塑造阶段，需要材料保持一定的软化温度才能进行正常操作。

二、制作油泥模型的设备与工具

制作油泥模型的设备与工具有：三视图、尺寸图、工业烤箱、金属刮刀、橡皮刮刀、自制刮片、画线平台、高度尺、贴膜工具、喷水壶、木材、铁丝、刻刀、截面轮廓模板、胶带等。

三、油泥模型的制作方法与步骤

(1) 准备好模型制作图纸。一般是三视图及结构细节图(图4-32)。

(2) 根据图纸制作模型骨架(图4-33)。

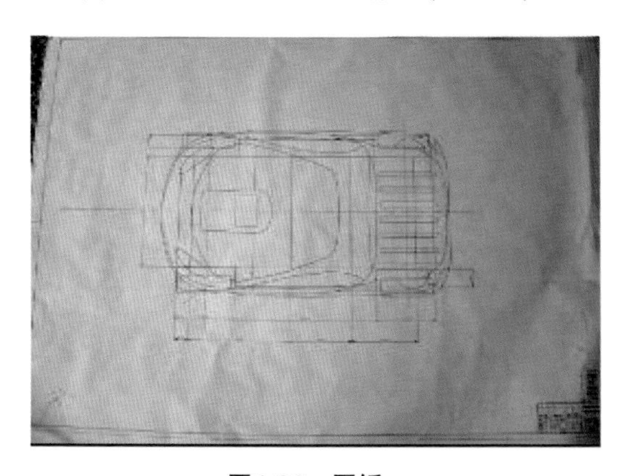

图4-32　图纸

图4-33　制作模型骨架

(3) 思考如何搭建骨架的结构，对骨架进行整体调整(图4-34～图4-36)。

(4) 在完成的骨架上填充泡沫(图4-37～图4-41)，对泡沫造型进行雕刻、打磨，然后敷上烤软的油泥(图4-42、图4-43)。

图4-34　骨架

图4-35　调整骨架

图4-36　整体调整骨架

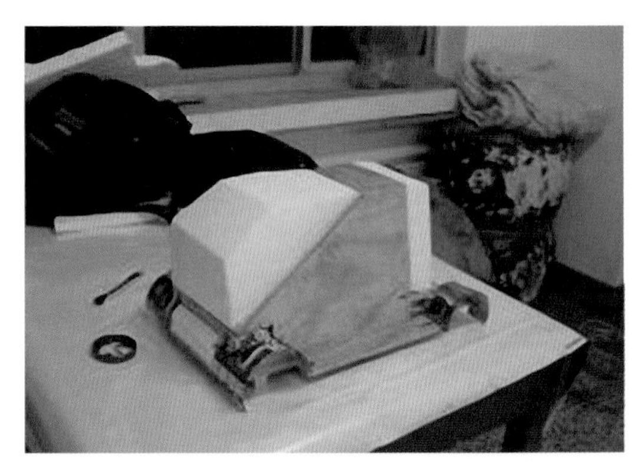

图4-37　在骨架上填充泡沫

图4-38　泡沫填充造型

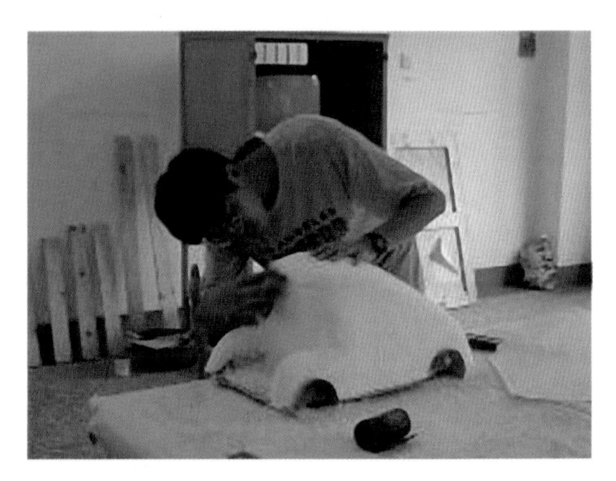

图4-39　雕刻、打磨细节

图4-40　整体造型

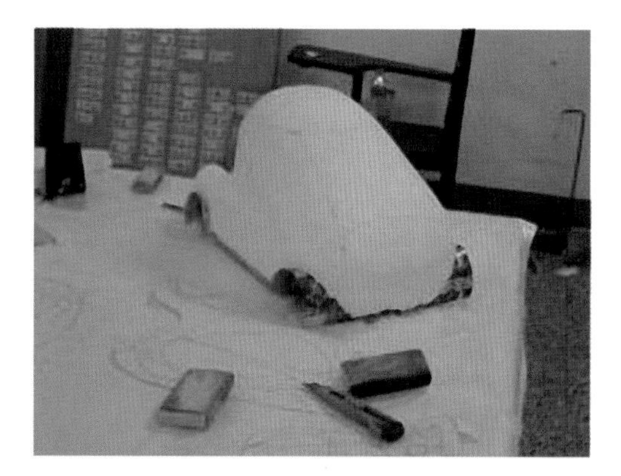

图4-41　上油泥之前的轮廓

图4-42　用烤箱将油泥烤软

图4-43　将油泥敷在模型内胎上

(5) 利用泥塑刀进行修整表面，使表面平整、符合预期造型。这一步需要注意逐渐调整大体造型(图4-44)。

(6) 根据图纸尺寸，在油泥模型上画基准线。模型制作将依据此基准进行加工(图4-45)。

图4-44　修整模型表面

图4-45　贴上基准线，按基准线加工

(7) 根据图纸制作不同的单元件，并制作模板(图4-46、图4-47)。

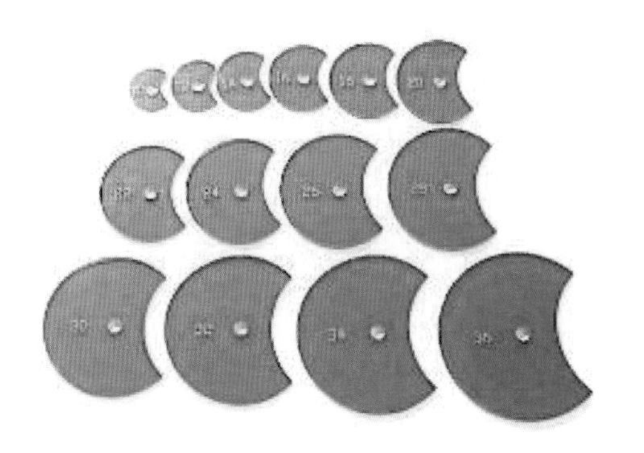

图4-46　涂刮模板

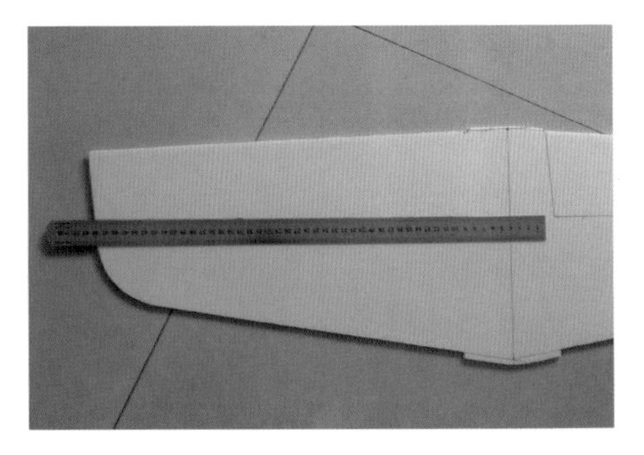

图4-47　自制模板

(8) 用这些制作的模板进行修型(图4-48)，以保证模型的轮廓及各部分的标准。

(9) 用外形模板进行校对外观造型(图4-49)，严格按照标准制作模型。

(10)细节刻画(图4-50、图4-51)。

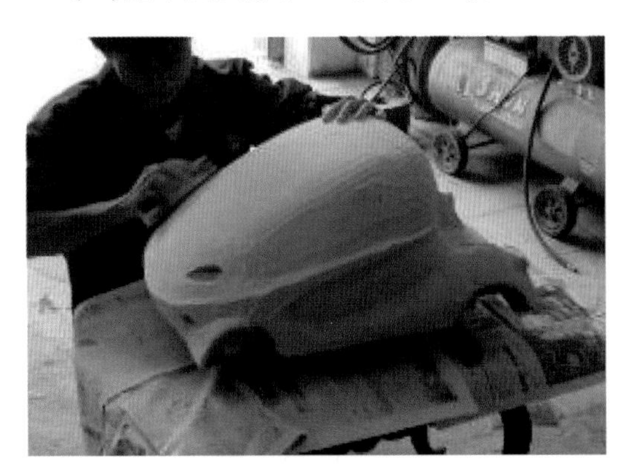

图4-48　修型

图4-49　细节刻画、打磨

图4-50　轮子制作

图4-51　轮子上色

(11)整体修整模型、打磨、喷涂，完成模型制作(图4-52)。

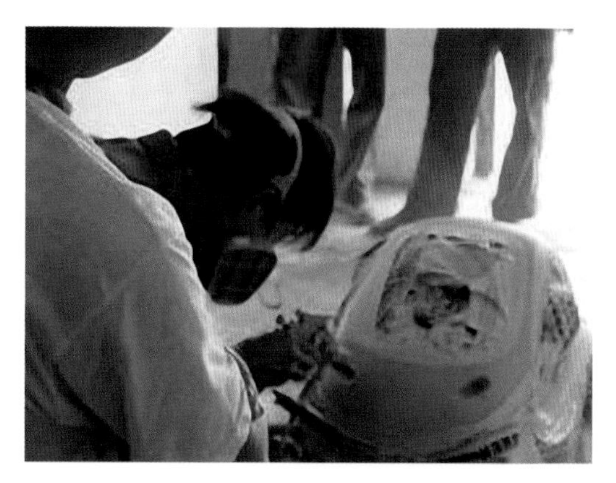

图4-52　贴胶带，喷涂

第四节　塑料模型的制作

塑料是以高聚物为主要成分，并在加工为成品的某个阶段可流动成型的材料。塑料模型一般采用热塑性塑料制作，它具有较好的弹性和韧性。

一、塑料的成型特性

塑料按受热后表面的性能，可分为热固性塑料与热塑性塑料。热固性塑料通过加热或其他方法可使其软化，如辐射、催化。已固化成基本不溶于溶剂、加热也不溶产物的性能。如果温度过高就会产生化学反应，这种变化是不可逆的。热塑性塑料在整个特征温度内，反复受热软化或融化成黏稠流体状态和冷却硬化，且在软化状态采用模塑、挤出或二次成型通过流动能反复制成产品的性能，塑料本身的分子结构不发生变化。表4-1是常用塑料的特性；手工塑料模型一般使用的材料有：有机玻璃、PVC、ABS树脂等。

表4-1　常用塑料的特性

名称	特性
PVC	强度、电器绝缘性、耐药品性、加可塑剂会软化、耐热性
PVDC	比PVC耐药品性大
PVAC	无色透明，接着性好、耐旋光性佳、耐热差，吸水性大、大部分溶剂皆可溶
PVA	无色透明弹性体，耐热、绝缘、软化点高
PMMA	无色透明、光学性良、强韧、绝缘性好、加工性好
PS	无色透明，易于染色，绝缘性佳，耐水、耐药品、不耐冲击
PA	强韧、自己油滑且耐磨、吸震性强、耐热、耐寒、耐药品
PE	比水轻、柔软、不耐热、耐药品、耐电气绝缘、接着印刷差

二、制作塑料模型的设备及工具

制作塑料模型的设备及工具主要有：塑料片、刻刀、勾刀、钢尺、锉刀、打磨机、腻子、刨子、钳子、手电钻、胶水(ABS胶水或三氯甲烷)、砂纸、密度板、白乳胶、台钳、游标高度尺、直角尺、画线方箱、调和漆、雕刻机、转印纸等。

三、塑料模型的制作方法与步骤

1. 下料

首先对制作模型进行分解。需要绘制各部分的展开图、平面图、三视图等，标示详细的尺寸。根据这些图纸在塑料板材上进行绘制所需材料的轮廓图，加工曲面板材，需要适当地预留1～2mm的余料，便于加工精确(图4-53～图4-58)。

图4-53　画线

图4-54　用勾刀开料

图4-55　用锯开料

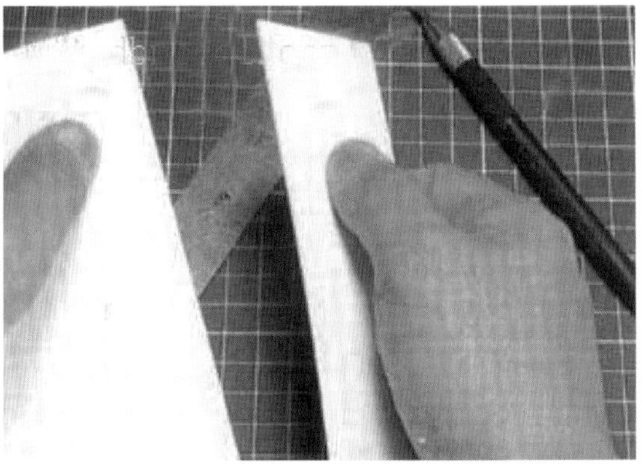

图4-56　掰断

画线时，刀刃必须垂直于加工材料面，一只手紧压钢尺。首先轻画线，再用力画线。将画好线的板材对齐桌面边缘，另一只手用力按住突出部分板材向下压，这样就能得到需要的板材。

图4-57　激光雕刻机开料

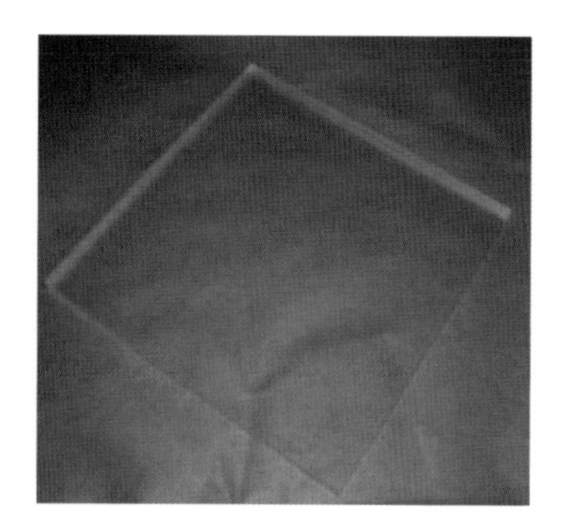

图4-58　切割出来的有机玻璃板

另外，除了人工下料，还可以借助雕刻机下料。机器加工出来的材料比人工更精确。

2. 制作

塑料在常温的条件下表面坚硬，形态稳定，外加工时变形很小(图4-59)。一般可采取的方法有剪切、钻孔、打磨、粘接、喷涂等。

塑料的加工方法有很多，大体分为三种：即玻璃态、高弹态和黏流态。

塑料在高弹态的温度下，高聚合物黏度增加，呈弹性，外加工时缓慢变形，外力消失时恢复原形。适合片材热压成型的加工方法(图4-60)。

图4-59　常温加工成型

图4-60　热压成型

塑料在黏流态的温度下，成为流动的黏性液，外加力时产生不可逆的形变，外力消失时恢复原形，适合注射成型的加工方法(图4-61、图4-62)。

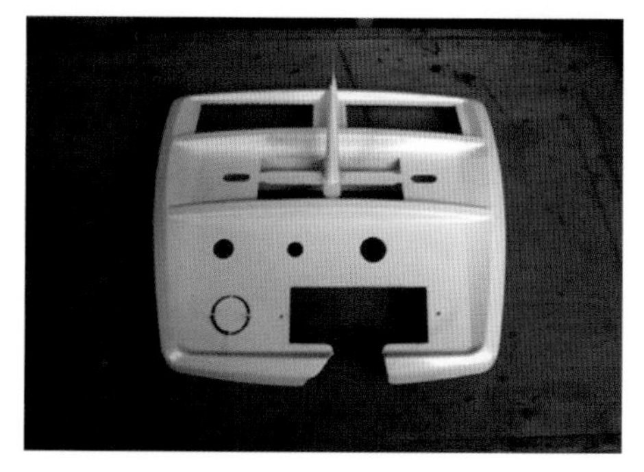

图4-61　注塑成型

图4-62　模具(金属)

3. 步骤

(1) 绘好模型三视图，制作工程图(图4-63)。

(2) 选择合适的塑料的加工方法进行制作加工零件分解图(图4-64)。

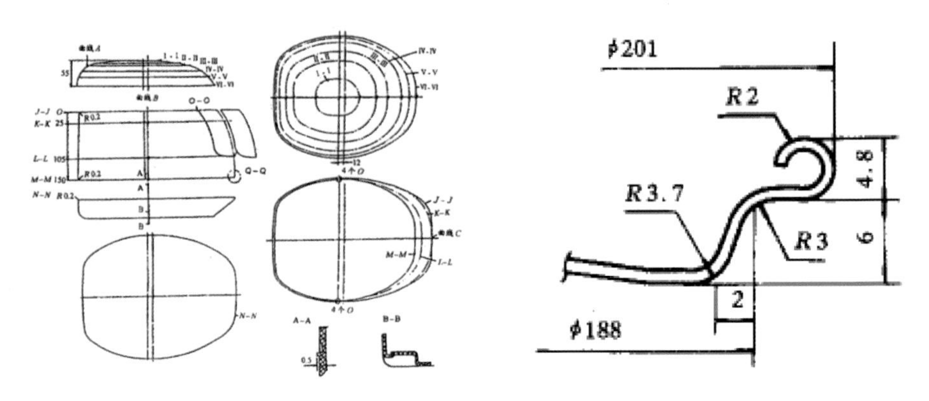

图4-63　三视图　　　　图4-64　零部件分解图

(3) 选择合适厚度的塑料材料，常用的厚度是1mm、1.5mm、2mm等(图4-65)。

(4) 按照预留的加工余量进行塑料板材切割，切割适合黏接的几个面。一般可取三视图任何一个面作为叠加的单元，割成若干块，然后进行黏接。经过锉削等加工后，就把凸模完成了。注意凸模一定要比实际模型稍高。

(5) 凹模用线锯切割、钻孔、锉削等工艺制作(图4-66)。

图4-65　选择合适厚度的ABS板材

图4-66　制作凹凸木模

(6) 把塑料板放进烤箱，烤软后取出，迅速放在凸模上，对好四边的位置，然后将凹模放在塑料板上匀力往下压。这个过程必须快速准确，必须赶在塑料板冷却变硬之前完成(图4-67)。待塑料板变硬后即可脱模(图4-68)。

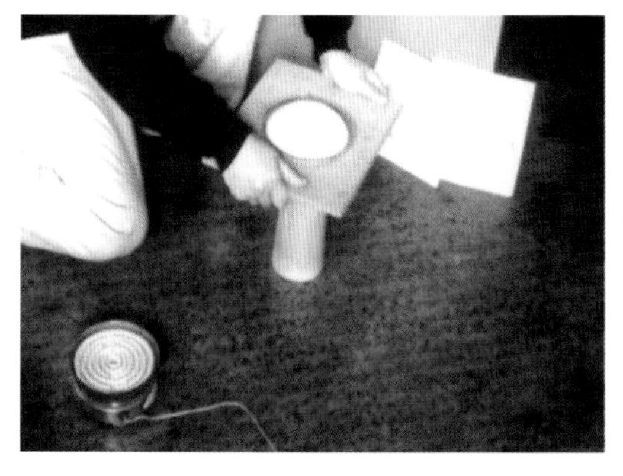

图4-67　压膜

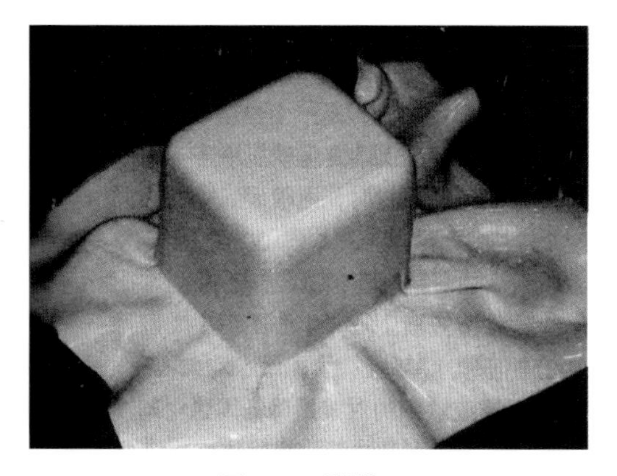

图4-68　脱模

(7) 用高度尺画出塑料件的实际高度(图4-69)。

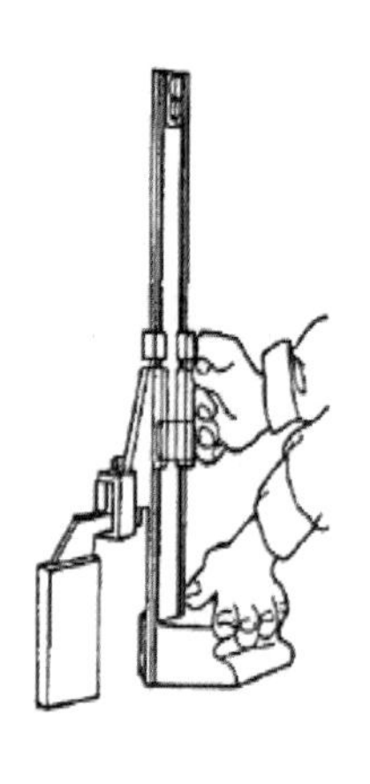

图4-69　使用高度尺画线

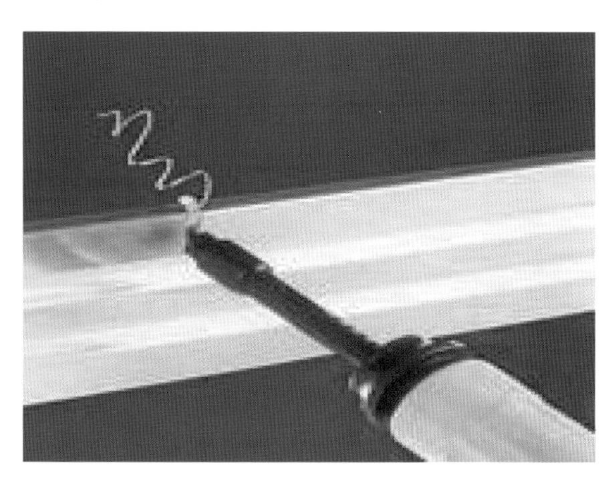

图4-70　修边

(8) 用戒刀将塑料件周边多余的部分进行切除，修边(图4-70)。

(9) 根据设计的造型进行下一个塑料件的制作，方法类似。

(10)将所有的零部件进行打磨，组装在合适的位置上(图4-71、图4-72)。

图4-71　零部件组装

图4-72　打磨

(11)局部调整，精细打磨模型。

(12)最后调整，模型完成(图4-73)。

图4-73　最后调整

第五节　木模型的制作

木模型在建筑和家具行业较为常见，它是表达设计的重要方法。

一、木材的成型特性

木材质轻，具有天然色泽和美丽的纹理，易燃烧、易虫蛀及细菌腐蚀。木材质干缩湿涨，易变形，具有一定的强度和优良的加工性能，具有绝缘、隔音的效果。木模型的制作需要用到较多传统的加工方法，如锯、刨、削、凿、钻、铣等。

(1) 锯。

木材的锯割是木材加工最常用的加工方法。按照设计的要求将木材切割进行下料。特别是尺寸比较大的原木材进行开锯、分解、割断等(图4-74)。

图4-74　锯

图4-75　刨

(2) 刨。

刨也是木工加工最常用的加工方法之一。木材、板材经过锯断后，表面一般都基表粗糙、不平整，所以必须进行刨削加工处理，经过刨削后可以获得适合的形状及光滑的表面(图4-75)。

(3) 削。

削一般是通过斧头工具来进行，常用于对较粗的木材进行加工，经过削切后可以得到想要的大概造型。此工艺适合粗加工，加工效率较快(图4-76)。

(4) 凿。

木构件之间需要连接，一般都是通过框架和榫孔等结构进行连接。开榫孔一般都是用凿子来开，用来加工方孔(图4-77)。

图4-76　削

图4-77　凿

(5) 钻。

钻一般都是加工圆孔，可以根据钻头大小来完成不同大小孔位钻孔的工作。钻有手动钻和电钻两种(图4-78)。

(6) 铣。

木模型中需要各种曲线的零部件，加工曲面比较复杂，需要一定的机器配合和一定要求的木材。常用的机器是木工铣削机床，可以加工起线、截口、开榫、开槽等，主要用来弯曲木材(图4-79)。

图4-78　钻

图4-79　铣

二、制作木模型的设备及工具

制作木模型的设备及工具主要有：夹板、层板、木工锯、手锯、木工铅笔、双脚画规、弹墨斗、直线锯、曲线锯、刨子、凿子、锤子、电钻、电铣、直角尺、钢尺、卷尺、锉刀、打磨机、砂纸、弓形钳等。

三、木模型的制作方法及步骤

木模型根据设计特征，将模型分为若干个构件进行加工，然后再进行组装。每个构件加工前，需要按照构件的实际材料、形状、尺寸、表面处理等方面进行综合的考虑。选择合适的材料及加工方法，配合合适的加工工具，严格按照木材加工的要求进行制作。

1. 制作步骤

(1) 绘制模型工程图及放样图(图4-80)。

工程图是指导模型制作的规范。放样图是使木模型符合设计效果及尺寸要求的保证，需要三视图放样、内部结构放样及局部细节放样。放样图是木材加工成产品必要的准备，加工木材的防尘面具如图4-81所示。

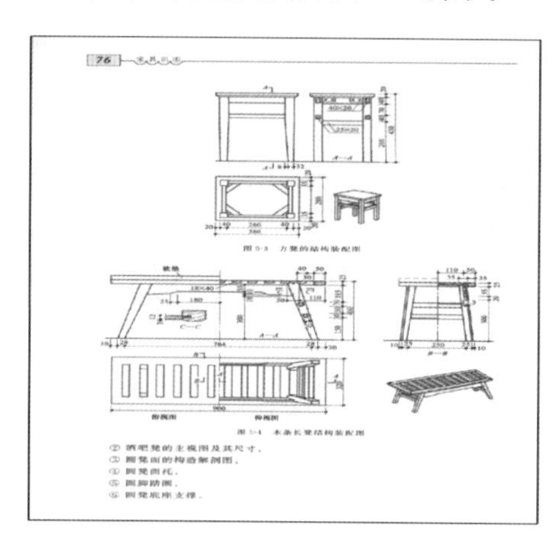

图4-80　模型工程图

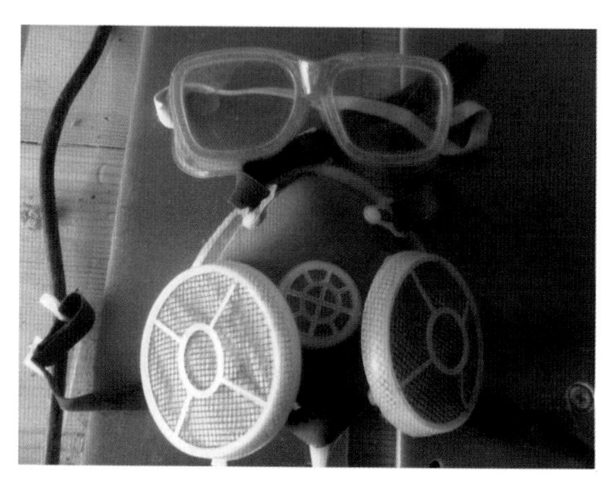

图4-81　防尘面具

(2) 选择木材。

制作小型木模型一般选择实木板材。造型平直的模型可选择强度较高的木材，造型曲线丰富的模型课选择强度较低的木材。制作大型木模型一般选择木板、人造板等，这些板材容易加工。一般情况下，选择木材应该以易于加工为原则。为了保证模型牢固，应注意材料之间的连接方法，并选择合适的辅料(图4-82)。

(3) 下料。根据模型加工要求及模型的放样图、尺寸进行下料。在木材上画出需要的形状和尺寸，下料时应留加工余量，保证加工的精度，以免加工时造成误差。下料时也需要注意从整体考虑材料的使用和合理安排，尽可能地充分利用好原材料(图4-83)。

图4-82　选择木材

图4-83　下料

(4) 切下来的工件一般比较粗糙，必须经过加工才能符合使用要求。所谓的粗加工就是对工件的尺寸、形状和表面进行刨削等加工的过程粗加工(图4-84)。在加工时需要留意工件的榫位，注意榫孔和榫头结构的结合关系，连接要密实牢固。开榫(图4-85)、打眼(图4-86)、锣形(图4-87)、定型(图4-88)、上胶(图4-89)、固定(图4-90)、上榫(图4-91)、试装(图4-92)等是加工工件的关键工序，加工的质量将直接影响产品模型强度和精度。所以，粗加工是一步很关键的工作，不能有半点马虎。

图4-84　粗加工

图4-85　开榫

图4-86　打眼

图4-87　锣形

图4-88　定型

图4-89　上胶

图4-90　固定

图4-91　上榫

(5) 深入加工。对工件进行细节的处理。在工件的结构、尺寸、位置上做调整，使其符合组装的要求。

(6) 试装与调试。将加工好的工件进行各部分的试装，将工件在组装时出现的问题及时进行调整，并调试好各个工件组装的顺畅。

图4-92　试装

(7) 表面处理。木模型的表面处理是根据木材的特性来进行的，首先是表现木材的天然材质，其次是为了保证模型在展示时的美感，可以在表面适当地喷涂环保漆等。

(8) 组装与最后调整。模型的表面处理一般是工件分开处理，然后再进行组装(图4-93)。组装完成后，对表面的漆进行细致的检查，如发现不光滑，不均匀的现象，应及时做出打磨(图4-94)和重新喷涂的调整。

图4-93　组装

图4-94　打磨

2. 木模型的连接方式

木模型是由若干个工件组合而成。它们的连接方式有很多，常用的有榫连接、胶连接、钉连接、塑料件连接等，这些连接都是根据模型的实际需要而定的。

1) 榫连接

榫连接是木制品传统的连接方式，也是木制品常用的连接方式之一，连接时将榫头和榫孔进行连接。为了增强结构的稳固性，一般在榫头和榫孔位置进行涂胶。它的特点是构造简单，结构坚固，便于检查，榫连接位置体现自然美和形式美。

(1) 平板接合(图4-95)。

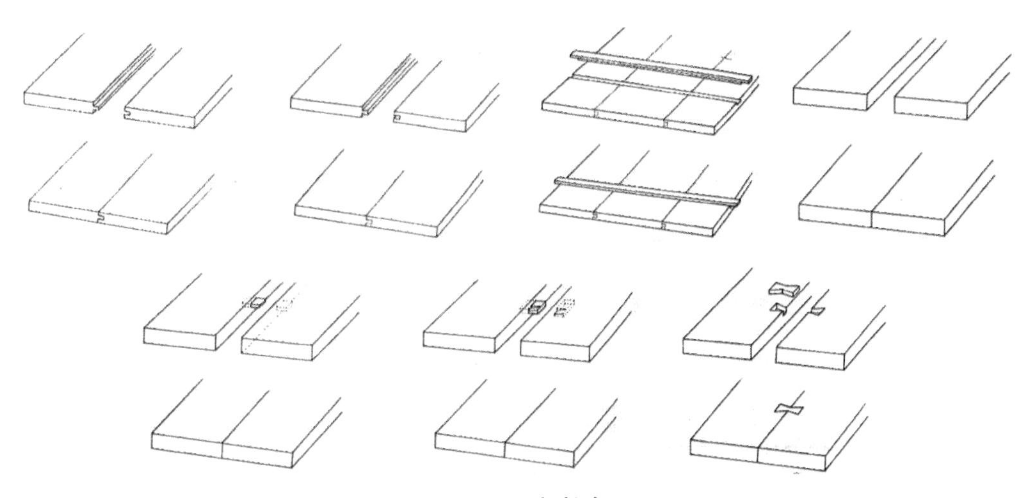

图4-95　平板接合

(2) 厚板与拼头接合(图4-96)。

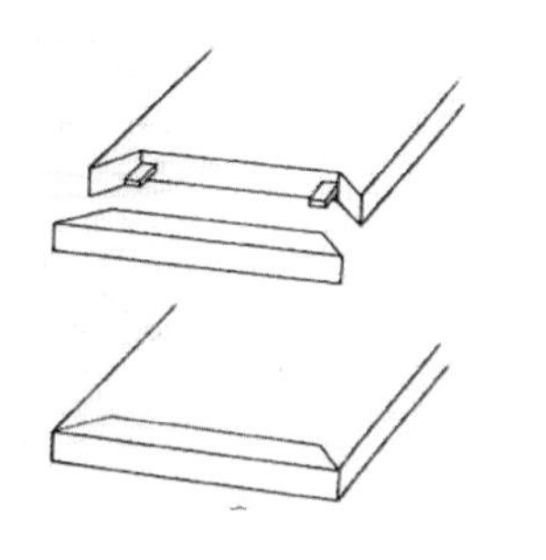
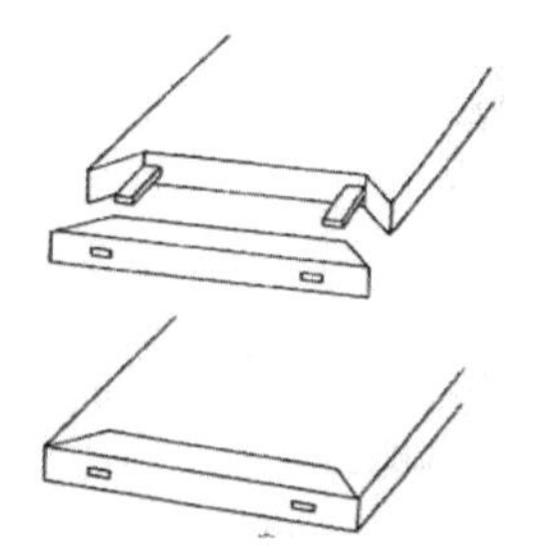
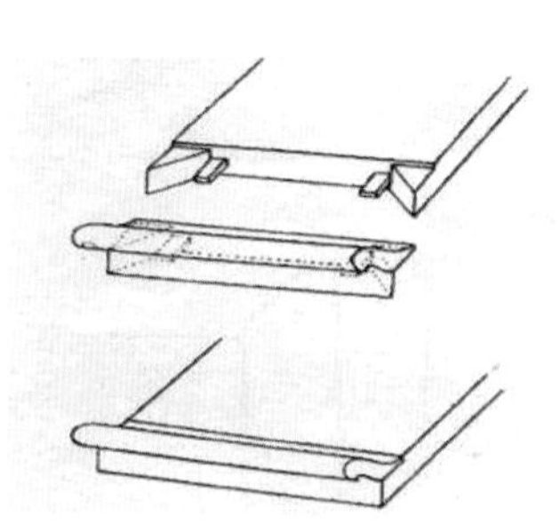

图4-96　厚板与拼头接合

(3) 平板角接合(图4-97)。

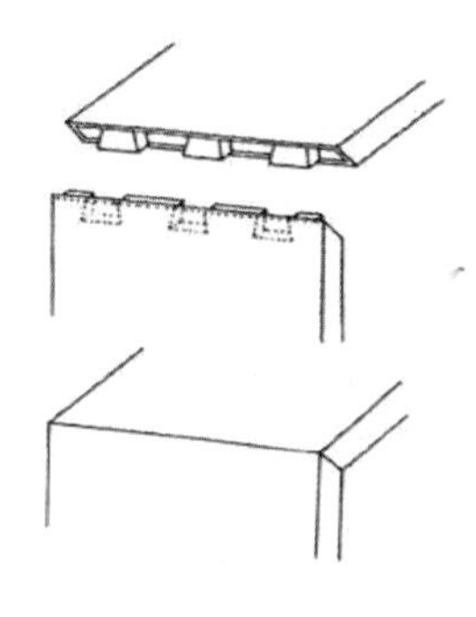
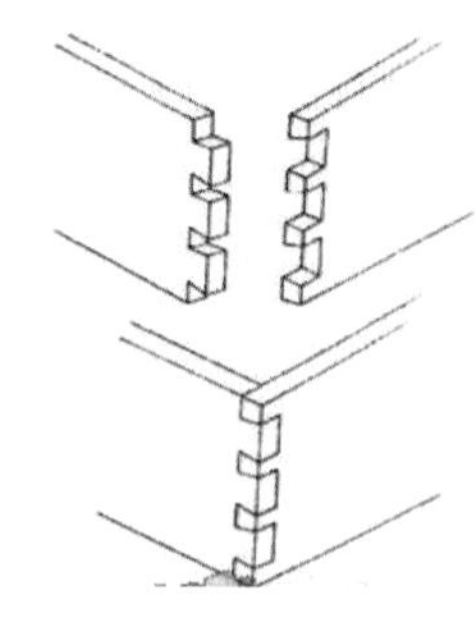
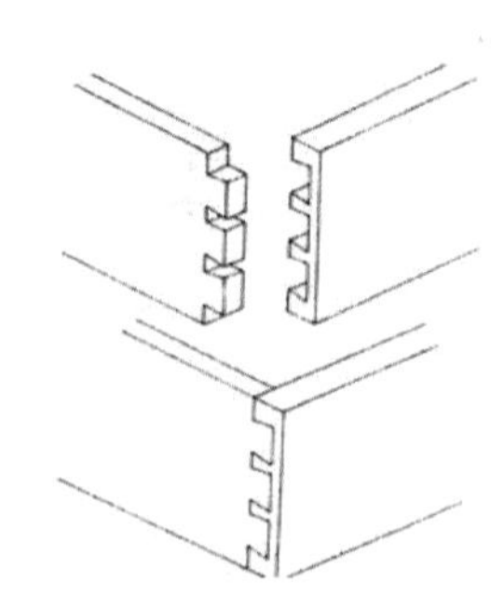

图4-97　平板角接合

(4) 横竖材丁字形接合(图4-98)。

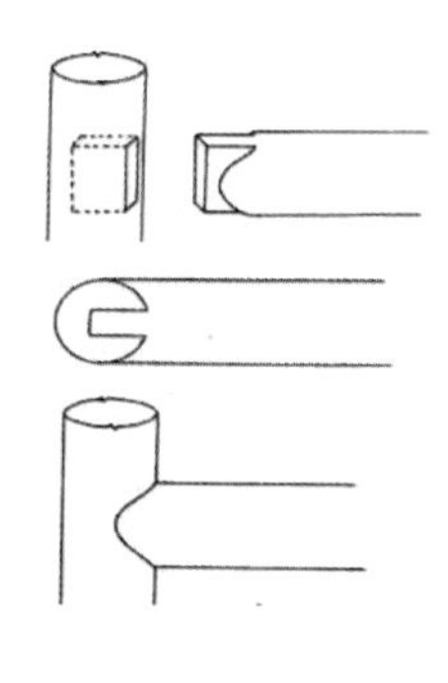
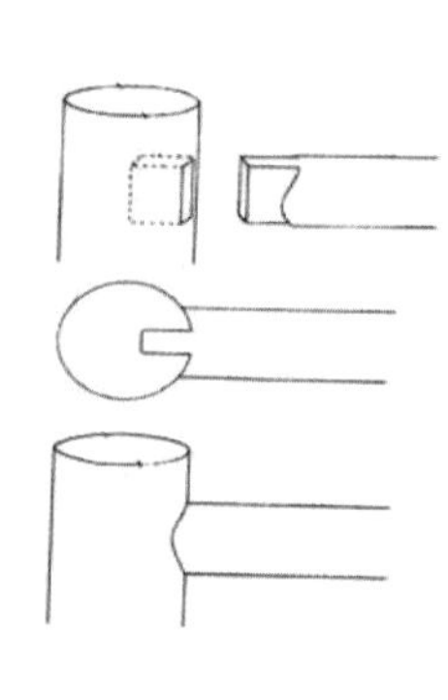
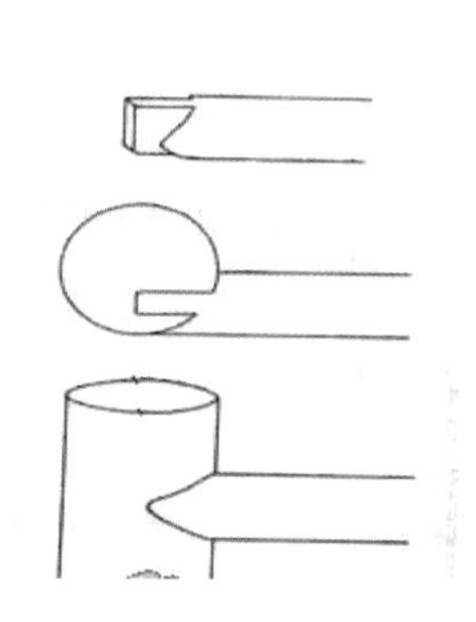
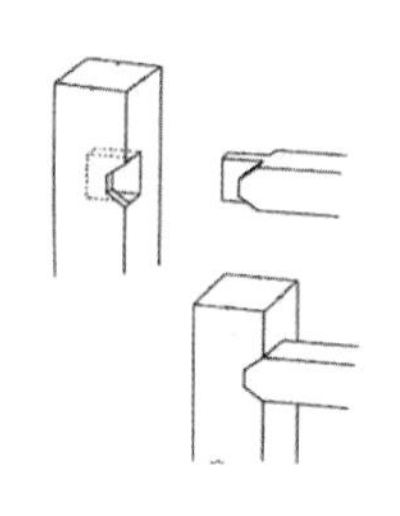
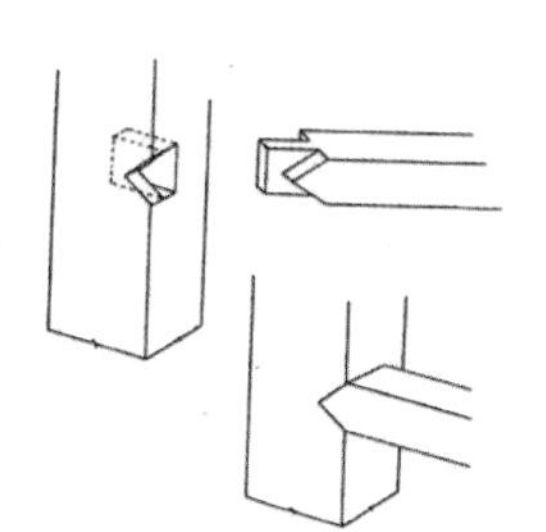
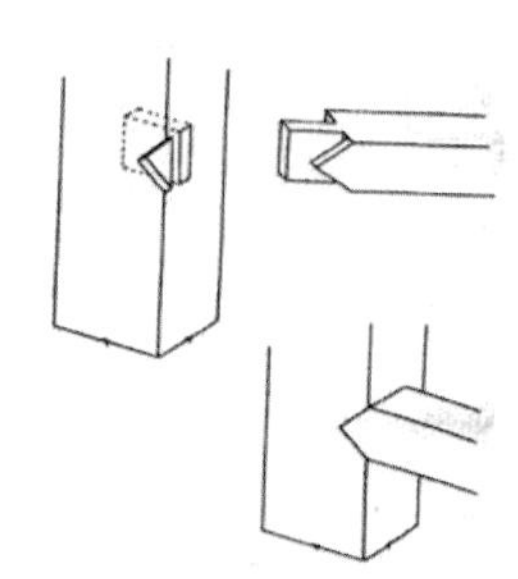

图4-98　丁字形接合

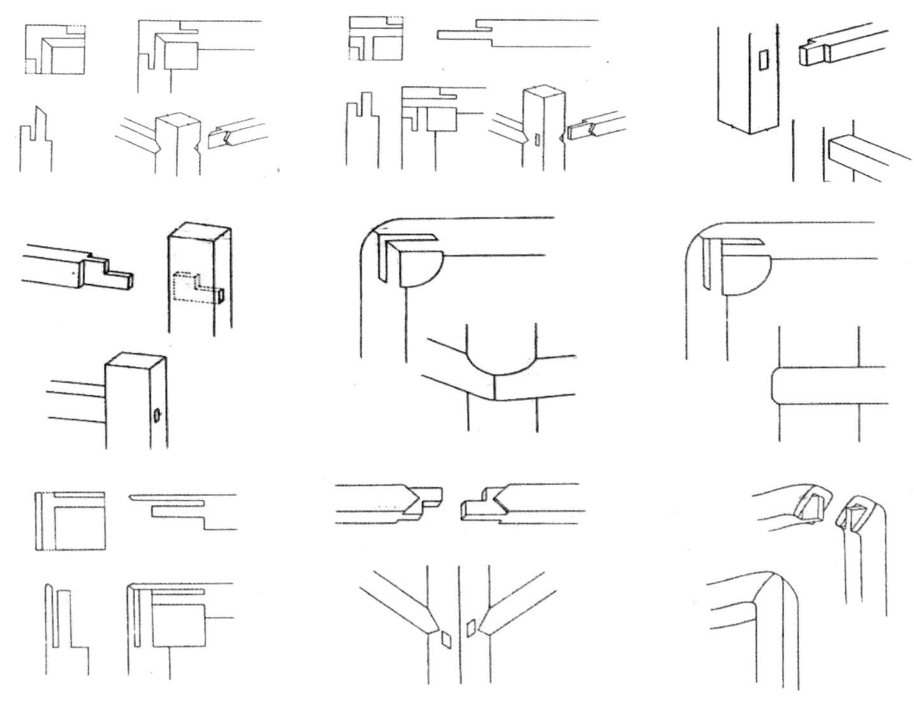

图4-98　丁字形接合(续)

(5) 方材、圆材角接合，板条角接合(图4-99)。

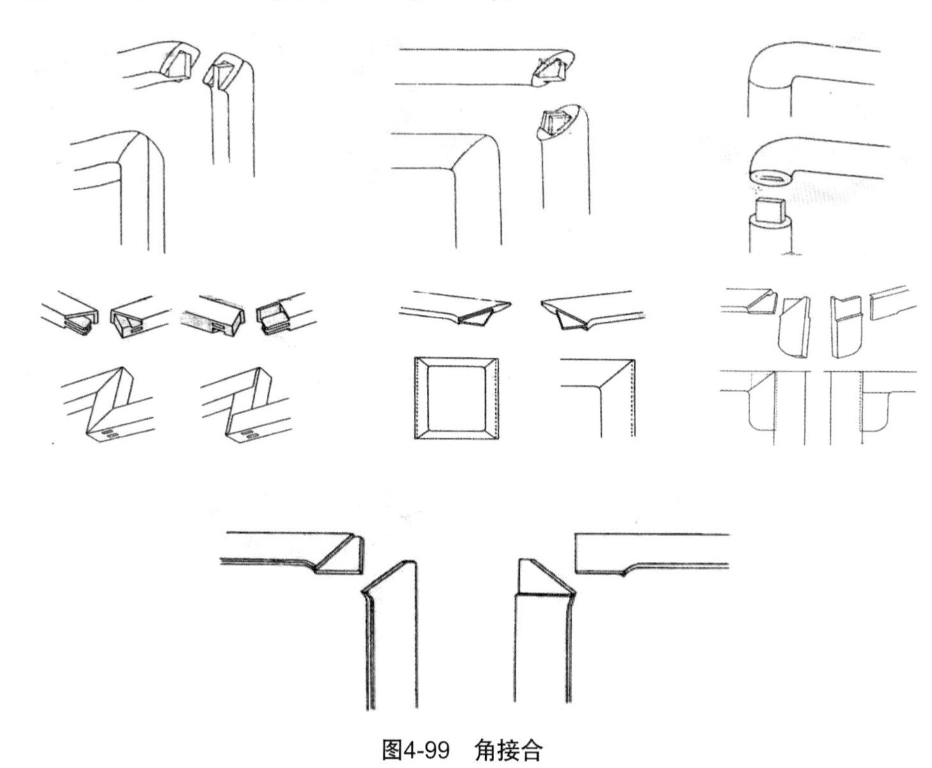

图4-99　角接合

(6) 直材交叉接合(图4-100)。

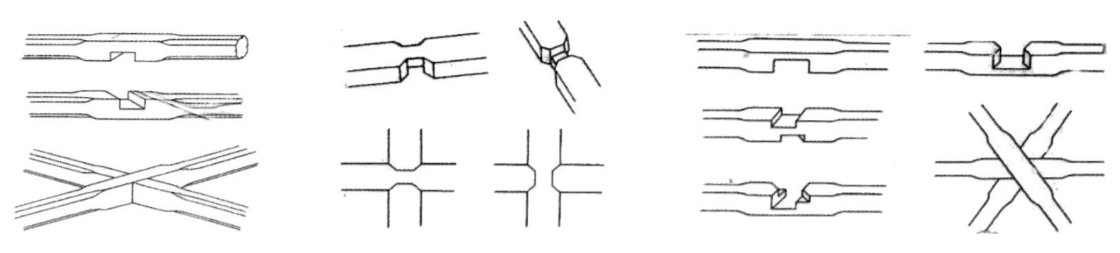

图4-100　直材交叉接合

(7) 弧形弯材接合(图4-101)。

(8) 格角榫攒边(图4-102)。

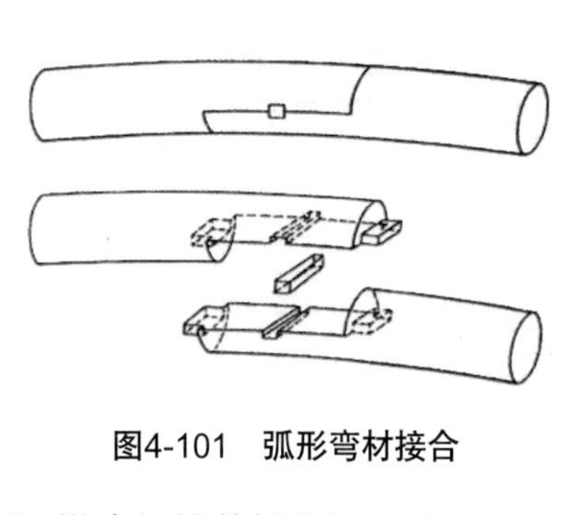

图4-101　弧形弯材接合

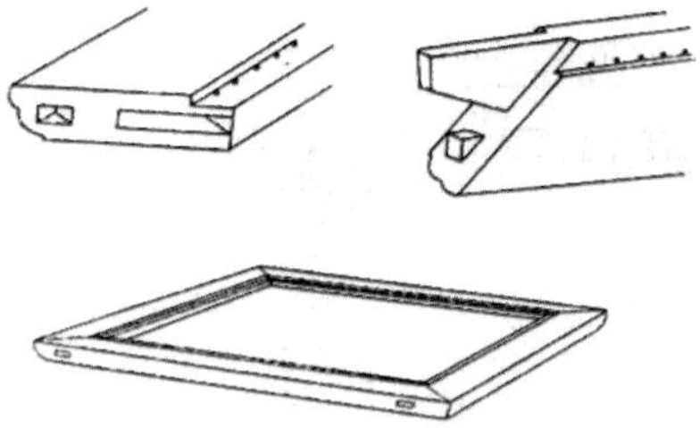

图4-102　格角榫攒边

(9) 攒边打槽装板(图4-103)。

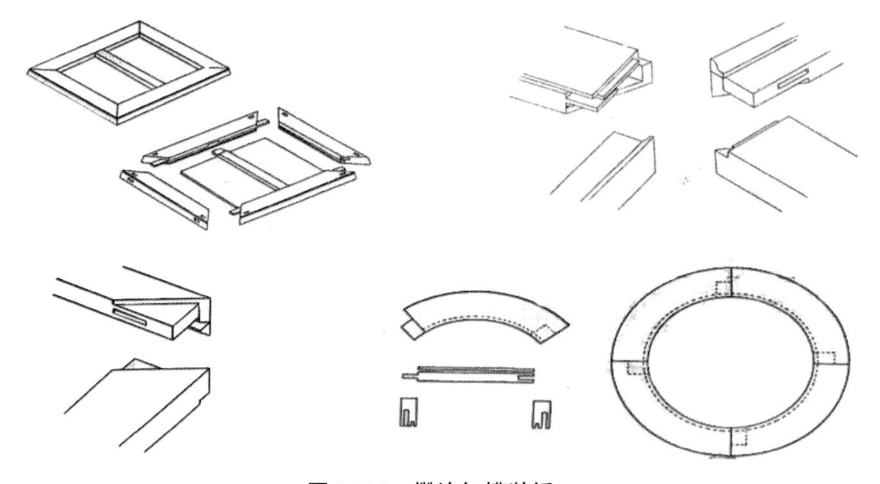

图4-103　攒边打槽装板

2) 胶连接

胶连接是采用胶水进行连接的方法，是木制品常用的连接方式之一。常用的胶有白乳胶(图4-104、图4-105)、AB胶(图4-106)等，主要用于实木板及榫位的粘接。胶连接特点是操作简单、结构牢固、外观美观。

在进行胶连接时，应注意选择胶水，一般是根据所选择的模型的材料而定。常用的胶水有白乳胶。它的特点是使用方便，不易燃、不腐蚀、对人体没有不良反应，具有良好的安全性能。缺点是耐热性差、易受潮，所以较适合室内木制品的连接。

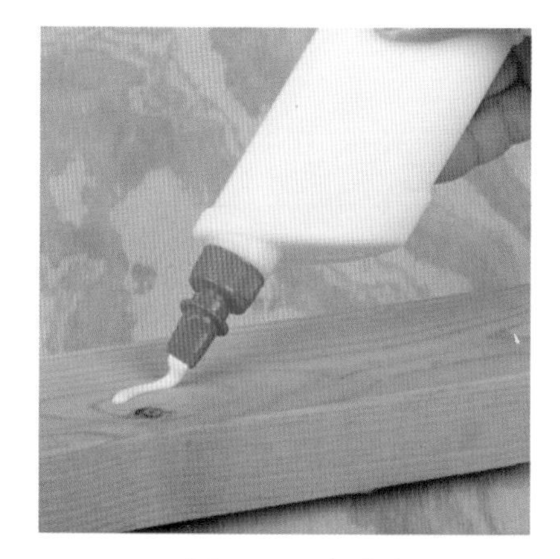

图4-104　白乳胶

图4-105　木材上胶后压紧

图4-106　AB胶水

3) 钉连接

钉连接是用钉连接工件的方式。钉的种类有很多直钉、射钉、木螺钉、螺母螺栓等(图4-107～图4-110)。

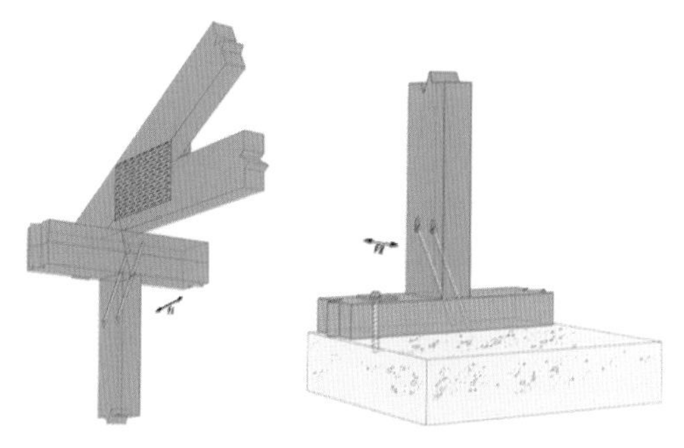

图4-107　钉接结构

图4-108　丁字形钉接

图4-109　直线钉接

图4-110　垂直钉接

4) 塑料件连接

塑料件连接是塑料材料制成的连接件，一般用于木板的连接，相当于木榫的作用。另一种功能就是通过“锁”的方式，把两块木材或两个工件进行连接。塑料件按不同的功能进行独立生产(图4-111、图4-112)。

图4-111　塑料件

图4-112　塑料件连接木材

第六节　表面处理

在模型制作完成后，为了表达设计创意和表达效果，需要对模型做最后处理，那就是模型的表面处理。表面处理包括打磨、粘接、喷涂以及一些特殊效果的处理。随着新技术、新材料以及新工艺的不断发展和进步，给产品模型制作提供了更多的可能性，材料的表面处理研究也对设计师提出了新的要求和挑战。

一、表面处理的作用与意义

选择合适的材料进行设计及制作模型，是设计师必须具备的素质。模型最直接的作用就是表达设计师的观念和创意。恰当的表面处理能增加模型的真实性，尽可能地使模型的外观、色彩、质感、结构与实物相近。所以，表面处理的意义在于保护模型，赋予产品真实的视感及触感，利用材料本身的特性来提高模型的耐用性，提升设计的品质及价值。

二、表面处理的方法

不同的材料有不同的表面处理方法。根据模型的材料特点选择合理的加工方法，是对设计师的考验。设计师不仅要懂得材料的性能，还需要懂得利用新技术、新工艺来对模型进行表面处理。

1．打磨

1) 石膏打磨

石膏模型表面一般都会出现气泡或气孔，尽管看起来表现比较光滑，但还是会发现气孔的存在。从大方面看不会影响模型的光滑度，但是会在喷涂时出现不平整、流漆的现象，这样将对模型的整体质量造成影响，这时就需要对模型进行打磨。石膏打磨的方法是先将石膏模型晾干，将凹坑和气孔清理干净。然后局部湿润需要填补的地方，用调试好的石膏浆进行填补。晾干后对突出部分用砂纸进行打磨，直至符合要求为止(图4-113、图4-114)。

图4-113　砂纸打磨石膏

图4-114　打磨效果

2) 塑料打磨

塑料模型一般用ABS塑料、聚氨酯发泡塑料等进行制作的，每种材料都有其特性，但是打磨方法基本相近。ABS塑料及聚氨酯发泡塑料一般用原子灰(腻子灰)来进行填补，然后用砂纸打磨(图4-115～图4-118)。

图4-115　打磨

图4-116　砂纸打磨器

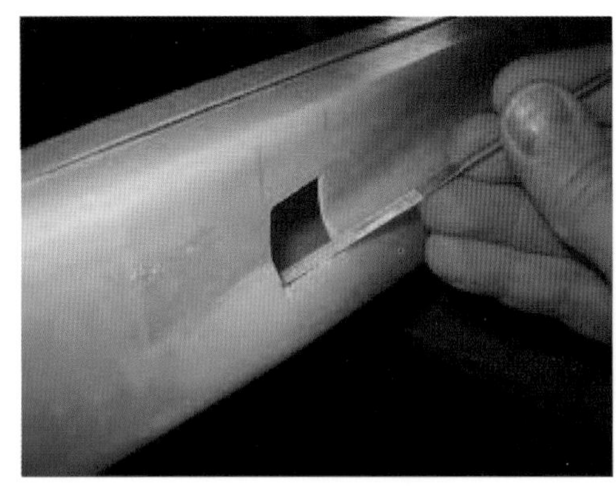

图4-117　锉刀打磨

图4-118　涂抹原子灰后打磨

3) 黏土及油泥打磨

黏土模型和油泥模型一般是制作比较精细的模型，对材料表面处理的要求比较高，在打磨之前先将凹凸部分进行填补、刮削处理。用喷水壶将表面喷湿，用准备好的黏土或油泥在需要处理的地方进行修复，晾干后用小刀边缘顺着产品的造型进行轻刮。最后用干砂纸、水砂纸进行打磨(图4-119)。

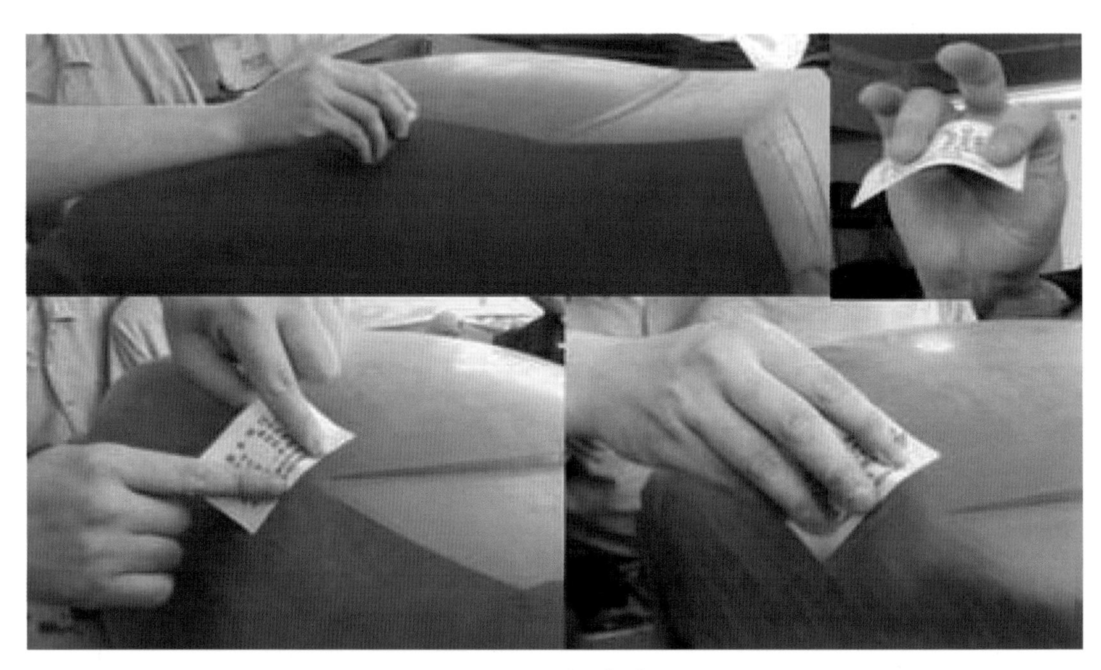

图4-119　油泥打磨

4) 木材打磨

木材的表面处理需要经过很多次，在初加工阶段就开始对工件进行适当的打磨，主要是对木材表面的凹凸部位、划痕、毛刺进行处理。先用腻子把凹位填平，然后用粗砂纸进行全面打磨，再用细砂纸进行局部抛光，反复多次，直至木材表面光滑为止(图4-120～图4-122)。

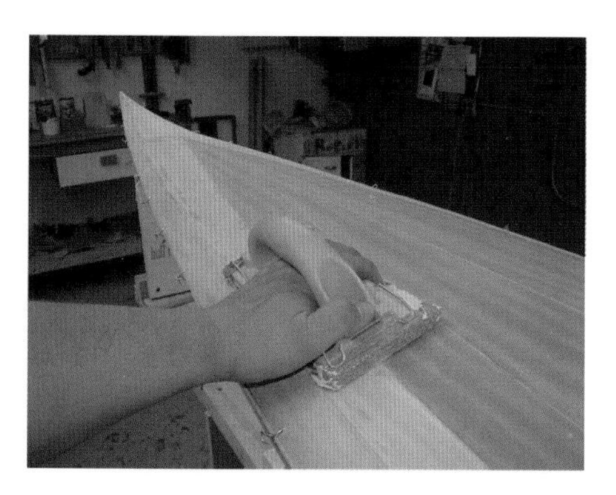

图4-120　砂纸打磨

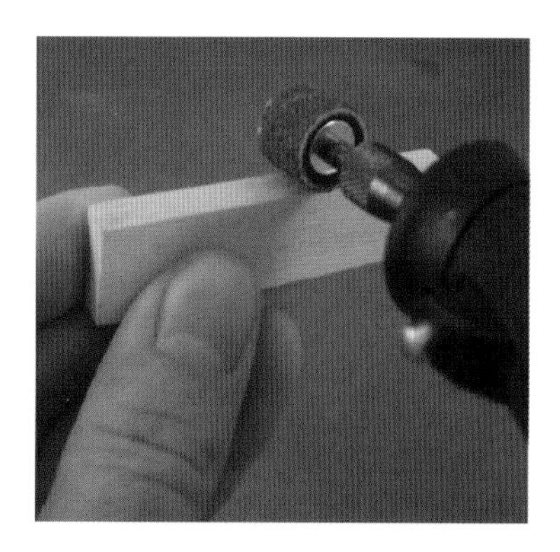

图4-121　电动小打磨机

图4-122　机器打磨

2. 面饰

1) 浸涂

浸涂是将模型全部浸入涂料中进行上色的过程，效率高、操作方便、经济实用。这种方法常用于单色模型、工件、小零件的涂装(图4-123)。

图4-123　浸涂

2) 淋涂

将涂料浇到模型上形成涂装的方法，适合中空的模型及工件。这种方法用漆量较少、效率高。淋涂时用的涂料其黏度要比浸涂时高。

3) 喷涂

喷涂是把漆雾化后直接喷在模型上的方法(图4-124～图4-126)。涂料雾化有空气压力雾化、机械压力雾化和静电雾化三种方法。一般的喷涂都是使用空气压力雾化，特点是操作简单、成本低、涂料用量少。缺点是漆雾飞散，污染空气。

图4-124　喷壶

图4-125　喷涂

图4-126　喷漆

4) 电镀

电镀是金属化合物还原为金属的过程。在金属或非金属的表面进行电镀，从而改变材料的外部特征。除此之外，还起到保护模型的作用，有一定的装饰效果。一般制作金属制品的效果需要用到电镀工艺(图4-127)。

5) 转印纸

模型上完色后，还需要一些文字、图案来配合，一般要达到这样的效果就需要使用转印纸。转印纸有文字、图案、纹理等。将转印纸的正面贴在模型表面的合适位置，反面用橡皮或尺子等轻轻刮动。移开转印纸就会将转印纸上的文字、图案、纹理印到模型上(图4-128～图4-130)。

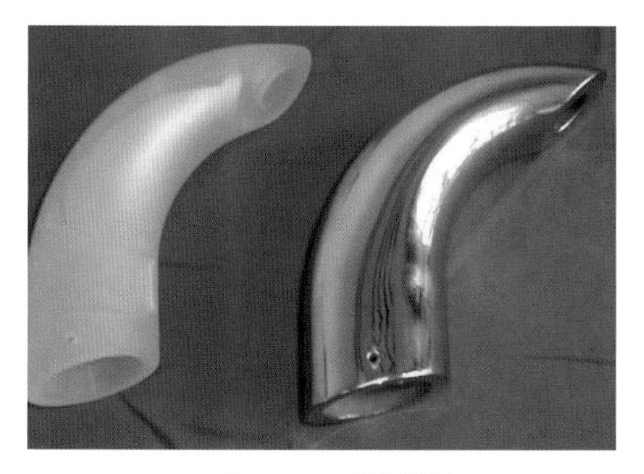

图4-127　电镀效果

图4-128　转印纸的使用

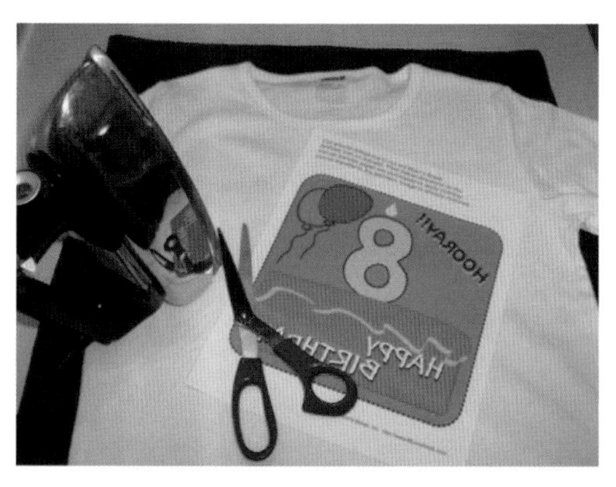

图4-129　衣服图案转印纸

图4-130　转印纸

单元训练与拓展

课题一：

手机模型制作。

■要求：

(1) 选择自己的手机作为制作原型。

(2) 制作三视图、尺寸图。

(3) 主要材料：石膏。

(4) 选择合适的加工工具。

(5) 时间：4学时。

■目的：通过对手机模型的制作，了解手机结构和工艺。熟悉石膏特性和加工工艺。

课题二：

电子产品改良设计与模型制作。

■要求：

(1) 选择一款有问题的电子产品进行改良设计。

(2) 制作三视图、尺寸图。

(3) 主要材料：黏土。

(4) 选择合适的加工工具。

(5) 时间：6学时。

■目的：通过对电子产品模型的制作，了解结构和工艺。熟悉黏土的特性和加工工艺。

课题三：

日常生活用品改良设计与模型制作。

■要求：

(1) 选择一款有问题的日常生活用品进行改良设计。

(2) 制作三视图、尺寸图。

(3) 主要材料：油泥。

(4) 选择合适的加工工具。

(5) 时间：6学时。

■目的：通过对日常生活用品模型的制作，了解结构和工艺。熟悉油泥的特性和加工工艺。

课题四：

家用电器改良设计与模型制作。

■要求：

(1) 选择一款有问题的家用电器产品进行改良设计。

(2) 制作三视图、尺寸图。

(3) 主要材料：塑料(ABS塑料)。

(4) 选择合适的加工工具。

(5) 时间：6学时

■目的：通过对家用电器产品模型的制作，了解结构和工艺。熟悉ABS塑料的特性和加工工艺。

课题五：

休闲椅设计与模型制作。

■要求

(1) 设计一款创意休闲椅。

(2) 制作三视图、尺寸图。

(3) 主要材料：木材。

(4) 选择合适的加工工具。

(5) 时间：6学时。

■目的：通过对休闲椅模型的制作，了解结构和工艺。熟悉木材的特性和加工工艺。

第五章　产品模型的应用

教学要求和目标

要求：了解模型在产品设计过程中承担的角色及应用。

目标：根据设计的需要制作不同功能的模型，运用模型进行推敲设计和沟通设计，以便有效地展开设计工作。

教学要点：了解和掌握各种模型制作及工具的运用、加工方法等。

教学方法：本章以学生实操和体验为主，树立正确的工作方法。

课时：8课时。

过去，很多人对产品模型都有一种误解(包括设计师在内)：把模型制作当成设计目的。产品模型不是设计的最终结果，而是设计过程的体现，是设计师推敲设计的一个重要手段。平时在展览会、展厅所看到的产品样机只是设计最后阶段的模型而已。对于设计师而言，研究过程的模型远比最终的表现模型重要。产品模型制作不仅能反映研究过程及设计的科学性，还能帮助设计师在设计的各个阶段开展有效的设计工作。

第一节　用模型进行思考

一、设计的推敲

制作产品模型的目的是为了让设计师学会运用科学的方法来研究设计问题，并在研究的过程中学会运用所掌握的知识分析、解决实际问题的能力，同时让设计师养成“勇于实践，敢于质疑”的精神。产品模型制作是设计师获取设计知识、认清设计本质的重要途径。它既是产品设计研究的一种全新的学习方法，也能有效地激发设计师对创意探索的兴趣。

1. 创意推敲

设计师最大的价值就是设计创意，这是一个不断肯定和否定的思考过程。只有当一个设计创意成为商品，才能体现设计的真正价值。设计与艺术的最大区别体现在目的不同。设计的主要目的是满足消费者需求，艺术则主要表达创作者的思想。既然设计是一件商品，就会受到生产、技术、工艺、材料的影响。设计制作模型能帮助设计师梳理设计思路，展开设计创意与推敲。

设计师在设计创作过程中往往会有大量的设计创意，这些创意并不是完善的设计，还需要进一步深入研究、推敲。最终有些创意会因为各种原因放弃，有些创意具有进一步深化的可能。设计创意具有极大的不确定性，很多时候设计师会在创意推敲的过程中产生全新的设计灵感，给设计带来新的方向和可能。

模型在设计的每个阶段所起的作用都不一样。所以，需要制作不同功能的模型来辅助设计。在设计初期，是设计师获取灵感的重要阶段。首先是一种抽象的概念，然后逐渐把想法量化。这个阶段的模型需要快速地表达设计师的理念，简称概念模型。概念模型一般采用快速成型的材料，如纸材(图5-1、图5-2)、石膏、泡沫等。

图5-1　快速表达概念模型

图5-2　纸材模型

模型能快速直接地表达设计理念。概念模型主要是用于创意设计时的立体思考和推敲，它能把设计师带到一个生动形象的立体创造意境当中。设计师在学习和工作中都把模型作为一个理想的推敲工具(图5-3)。

以往进行设计创作时，一般都是采用纸和笔来快速记录。但是这些记录都是平面的，很难体现产品的要素。电脑制图只能模拟产品的外观，不利于设计师进行思考和推敲设计。与快速直接的立体模型相比(图5-4)，画手绘效果图或制作电脑效果图更费劲。制作模型可以形象地被称为“用手去思考”。

图5-3 创意推敲

图5-4 不同创意的模型对比研究

2. 造型推敲

要了解一件产品时，首先看到的是造型和色彩。造型作为产品的三要素之一，发挥着重要的作用。很多年轻的设计师往往有这样的误解，认为产品设计就是产品造型的设计(图5-5、图5-6)。所以很容易进入“为了设计造型而去修改造型”，忽视了产品设计的本质。

图5-5 造型对比研究

图5-6 造型设计讨论

随着时代的前进，科学技术的发展，人们审美观念的提高与变化，机械产品的造型设计和其他工业产品一样，不断地向高水平发展变化。影响产品造型设计的因素很多。现代产品的造型设计主要强调满足人和社会的需要，使产品美观大方、精巧宜人，为人们生活生产活动提供便利，并提高整个社会物质文明和精神文明水平。这是现代工业产品造型设计的主要依据和出发点。

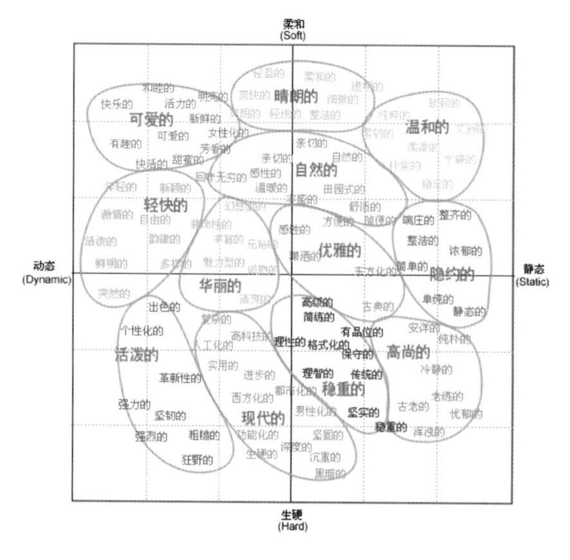

图5-7　色彩视觉感觉

3. 色彩推敲

20世纪50年代，人们渴望安定和平，所以那时人们都喜欢较为沉静的蓝色、绿色等冷调子作为工业产品造型的色彩。产品的色彩对人的心理和生理产生直接的影响。

色彩在整个产品的形象中，最先作用于人的视觉感受(图5-7)，可以说是“先声夺人”。产品色彩(图5-8)如果处理得好，可以协调或弥补造型中的某些不足，使之如同锦上添花，更加完美，也更容易博得消费者的青睐，从而收到事半功倍的效果。反之，如果产品的色彩处理不当，则不但影响产品功能的发挥，破坏产品造型的整体美，而且很容易破坏人的工作情绪，使人出现一些枯燥、沉闷、冷漠，甚至沮丧的心情。分散了操作者的注意力，降低工作效率。所以，产品造型的色彩设计是一项不容忽视的工作，其色调的选择是至关重要的(图5-9、图5-10)。

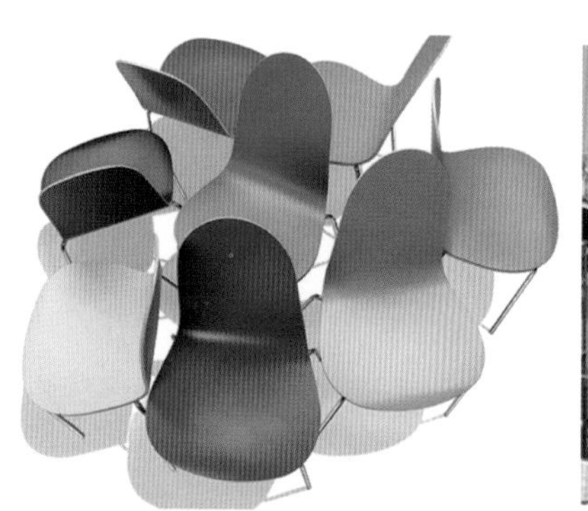

图5-8　椅子的色彩运用

图5-9　建筑色彩搭配(BURANO)

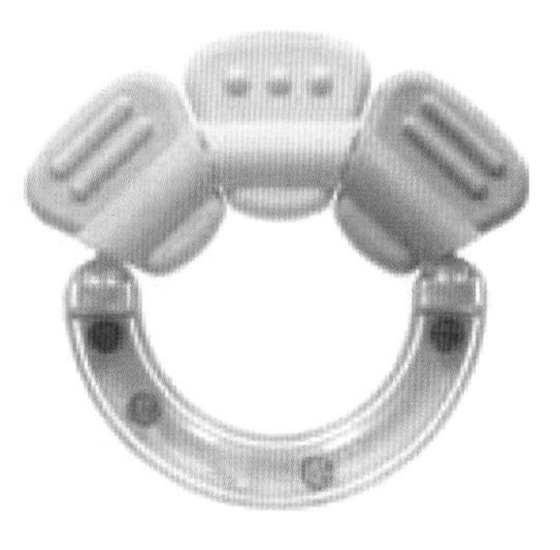

图5-10　婴儿用品的色彩搭配

色调就是一眼看上去工业产品所具有的总体色彩感觉，它可以表现出生动、活泼，也可以表现出精细、庄重，还可以表现为冷漠、沉闷或是亲切、明快，等等。色调的选择应格外慎重，一般可根据产品的用途、功能、结构、时代性及使用者的好恶等，艺术地加以确定。确定的标准是色形一致，以色助形。如飞机的用途和功能是载客载物在高空高速地飞行，所以它的主调色彩一般都处理为高明、高彩的银白色，很容易地使人感觉到飞机的轻盈和精细，这就是形色一致，而且色助于形。如果相反，把飞机涂成黑灰色主调，则很容易地使人怀疑它笨重得是否能够飞得起来。

二、设计的实验

任何作品的出现是社会发展的结果，应将作品放在历史的背景下看待。新材料、新工艺的不断出现并尝试作用于设计创作的全过程，给设计带来了无数种可能。但是，为了检验设计的合理性，我们在设计的过程中需要做各种实验，包括新原理、新材料、新工艺、新结构等实验。实验是产品设计过程中的重要活动阶段。

1. 原理实验

设计是现代人的生存基础， 也是现代人生存的方式，更是高科技时代首先予以关注的事情。高科技将以前所未有的力量改变设计的手段和方式，也将以前所未有的力量影响我们的生存环境， 甚至对人类生存的根本意义和终极的可能性提出了新的问题。设计是一种生活的智慧。在设计的合理性上，我们必须依靠模型进行验证，模型是验证设计可行性的一种设计过程。

工作原理实验(图5-11、图5-12)是自然科学和社会科学中具有普遍意义的基本规律，是在大量观察、实践的基础上，经过归纳、概括而得出的。它既能指导实践，又必须经受实践的检验。工作原理实验多用于探索性实验阶段，注重于了解研究对象的某些特性，是定量实验的基础。通过对原有产品的拆解、分析研究，解剖、提炼其工作原理。这是一个知己知彼的研究过程，是对已知的工作原理进行带入验证的过程，并希望能通过新的工作原理解决一些根本性问题，具有自主知识产权的创新活动。

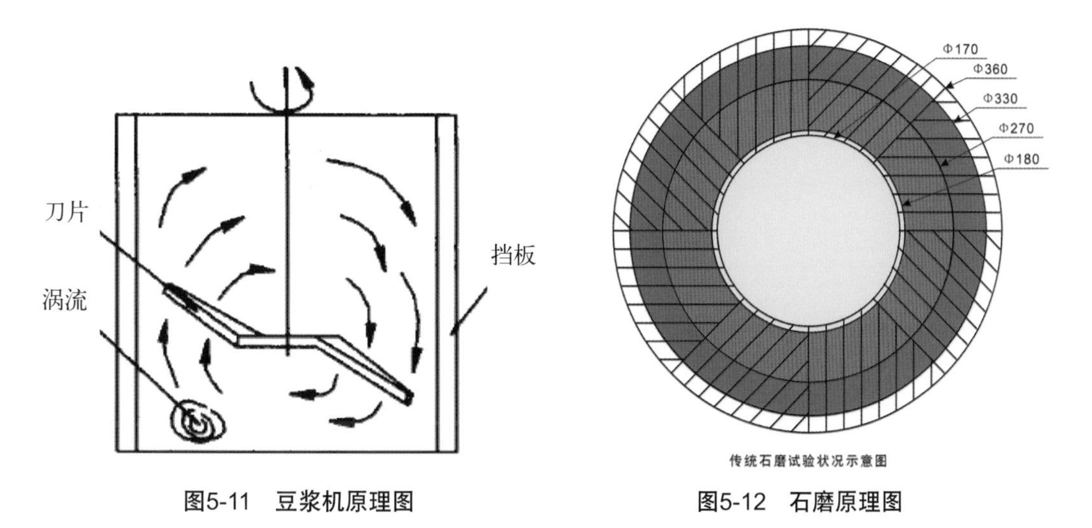

图5-11　豆浆机原理图　　图5-12　石磨原理图

2. 材料实验

材料实验(图5-13)指的是对材料的质量及其在不同条件下的各种性能的检测和评定，有时仅指材料机械性能试验。材料试验对产品设计和材料应用的基础研究具有十分重要的意义。在设计时，对已知的材料进行比较，判定材料是否具有某种性质(图5-14)；通过一定的实验步骤，观测其具有何种特性。在实验过程中，除了需要比较的那个条件不同之外，其余条件应力求一致，否则，就难以作出正确的判断。作为设计师，我们应该具备敏锐的眼光和大胆的探索精神，通过不同的材料特性，把新材料应用到创新设计中(图5-15)。

图5-13　材料实验

图5-14　材料分类、比较进行实验

图5-15　PVC与不同材料粘接实验

3. 工艺实验

生产工艺实验(图5-16、图5-17)是产品研究成果向生产实践转移过程中所进行的实验。通过生产工艺实验，检验新产品的设计方案，在技术上是否先进，质量上是否合格，成本上是否合算，以便发现问题及时纠正，为正式投产做好准备。

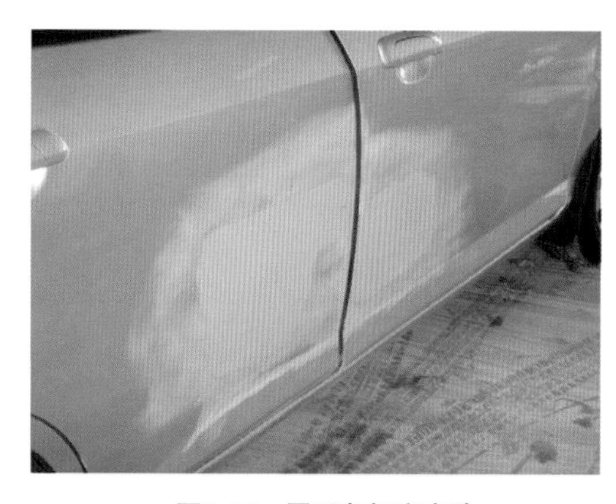

图5-16　原子灰打磨实验

图5-17　喷漆实验

模型和样机是展开生产工艺研究的重要手段。建立一个与之相似的模型，对模型进行实验研究，然后将研究结果类推到原型上去，以达到对原型本质和规律的认识。由于模型实验具有直观形象、方便可靠、节省成本的优点，在设计与投产之间发挥着重要作用。

第二节　用模型表达设计

一、设计表达

在设计的每个阶段都需要制作模型(图5-18)，每种模型的功能都不一样。这里所指的模型与样机、模型制造企业的模型具有本质上的区别。推敲模型或是不完整的模型，或是局部的零部件，是设计师自己动手制作而成。只有思维敏捷，才能使双手变得灵活。但是目前的状况是，大多数的设计师的动手能力与思考能力是不匹配的。

中国工程院院士顾玉东教授指出，大脑的创造性思维离不开动手实践，手是大脑进化的动力。从大脑皮层显示的信息来看，手部在大脑皮层所占的面积最大，接近1/3。当人的手指做出简单的运动时，脑的血流量比不动手时增加10%，而做复杂精巧的动作时，脑血流量可以增加到35%以上。可以说：手是人类的第二大脑。动手实践是人类获取知识和能力的最重要的途径。无论科学多么发达，但永远取代不了手的功能。

对于很多年轻的设计师而言，动手帮助思考的能力不容忽视，尤其是在创意朦胧阶段，应该借助于模型与设计团队进行沟通，共同开发创意(图5-19)。特别是对于一些产品的线条或曲面推敲，在纸上或电脑上是无法对比和修改的。只有通过设计师动手制作模型，才能更直观地推敲并直接修改。

著名的包豪斯工业设计教育体系里，有一个很重要的部分就是将课堂搬进工作坊，手脑结合(图5-20)。模型制作在某种程度上，帮助设计师对设计创意进行量化。模型是一种有效、直接表达设计的方法。

图5-18　设计模型制作

图5-19　设计模型表达(厨房)

图5-20　动手能力的培养

二、设计沟通

图5-21　围绕模型展开设计沟通

沟通必须具备三个要素：要有明确的目标；达成共识；信息、思想和情感的互动与制衡。设计沟通的基础是“共同认知水平”，基本原则是“普遍关注”与“互动”。

设计沟通(图5-21)完整模式：信息编码标准-沟通渠道与工具-信息解码-评价标准。设计沟通的关键不在沟通的内容，而在如何用相互理解的方式与标准进行沟通，进而达到预期的目标。表达越清晰、越简单就越好。进而设计的品质就是沟通的品质。最终衡量沟通的质量，不是看动机，也不是看沟通方式，而是看反应质量，这表明沟通对象彼此的设计认知水平。

设计师见到、听到和感觉到的信息根据他独特的偏好被大脑作为图画、词语或声音吸收和存储起来。对某些人而言，视觉形象能产生最大的冲击，而对其他人而言则可能是言语、声音或触觉最重要。在团队里，设计师必须掌握一定的沟通工具，并且学会如何选择适当的沟通工具，这些对于设计师来说至关重要。

设计活动通常是由一个团队去完成的。如何使组织的力量聚焦在一起，是设计管理者组织能力的综合体现。设计实验是凝聚团队力量的一种研究方法，为了达到同一个目标，团队成员努力地组织自身的知识与资源，尝试在设计沟通中表达自己的观点，不同观点的碰撞，体现了创新团队成员对整个设计价值的考量与判断。正因为每个成员都具有独有的知识体系和价值判断，所以，作为设计管理者应该协调好每一种设计资源，让其发挥团队的能量，减少内部消耗(图5-22)。

图5-22　展示设计模型

设计师不等同艺术家，他们崇尚的不是个性，而是在交流中迸发灵感，并互相学习(图5-4)。因为设计师是需要知识掌握比较全面的人，谁也不能说自己什么都会，每个人都会有自己长处，都有值得别人学习的东西。美国的ArtCenter College of Design这么优秀的院校，其实好在哪里？并不是它有很出色的教授，有很先进的设备，这些作用有限，最根本的是它能够聚集全世界最优秀的人才。在产品设计研究的过程中，更多的是从其他成员身上学到更多的知识。团队协作能力对创新团队来说非常重要。不同知识背景的人员，意味着他们思考角度的不同。在思想的碰撞中，设计师能够互相学习，互相启发(图5-23)。

图5-23　设计团队进行设计沟通

设计就是对话与思考。设计实验是围绕着研究和交流而展开的，记录着设计师思考的过程。设计师之所以去做产品实验，并不仅仅在于和别人交流，而是以便于追溯自己在整个设计过程的思维线索。随着设计实验的开展，它可以保证设计师“看到”新的可能性或者问题，并且使设计目标更清晰。作为设计师至少有一点很重要：他们应该意识到自己思维方式可能会被团队行为所影响；同时，在工作团队中，他们也以某种方式影响着其他成员的思想。

单元训练与拓展

思考题：

1. 分小组讨论如何利用模型进行推敲设计？

2. 总结模型制作的心得。

课题：

设计表达——设计一件日常生活用品。

■要求：

(1) 设计一件日用品并制作模型。

(2) 制作三视图、尺寸图。

(3) 主要材料：不限。

(4) 选择合适的加工工具。

(5) 时间：8学时。

■目的：通过对设计模型的制作，了解模型的功能。熟练运用模型表达设计与设计沟通。

第六章　工业产品模型制作赏析

教学要求和目标

要求：了解产品模型制作的基本材料，掌握模型的表达方法。

目标：认识模型在产品设计中的重要作用，并能选择合适的材料进行模型制作。

教学要点：通过对种不同、材料、类型的模型的讲解，从而加深学生对模型知识的理解。

教学方法：课堂讲授与点评，观摩模型实物或模型图片资料相结合。

课时：4课时。

本章主要介绍了不同模型，用不同材料制作的特点及其特征，通过实物比较，来加深对模型的理解和认识。

设计初期，设计师一般选择能快速表达创意的纸材来进行制作简易模型。模型不需要准确，只要能表达设计想法即可，因此模型只是用于设计团队内部讨论。

纸模型在设计初期和中期用得较多，一般用于推敲设计结构的合理性和结构实验。结构的材料不一定是设计最后使用的材料，只是模拟结构（图6-1和图6-2）。

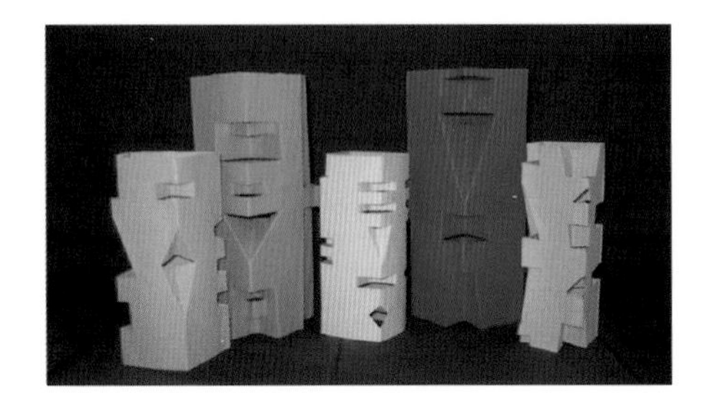

图6-1 建筑概念模型(纸材)

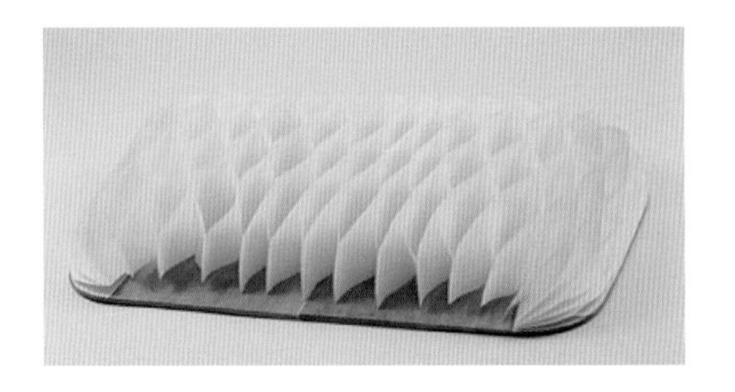

图6-2 纸结构模型(纸材)

图6-3所示的模型由石膏制作，制作方便，成本低，适合设计概念阶段使用。

图6-4所示的模型由石膏制作，从模型的造型上看基本可以看出来是一体的，符合石膏的特性。这是由一块石膏雕刻出来的模型，制作成本低，但是易损坏，不易修复。

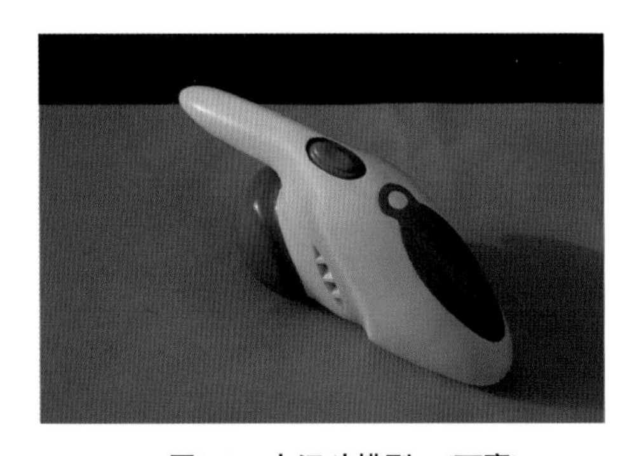

图6-3 电烫斗模型一(石膏)

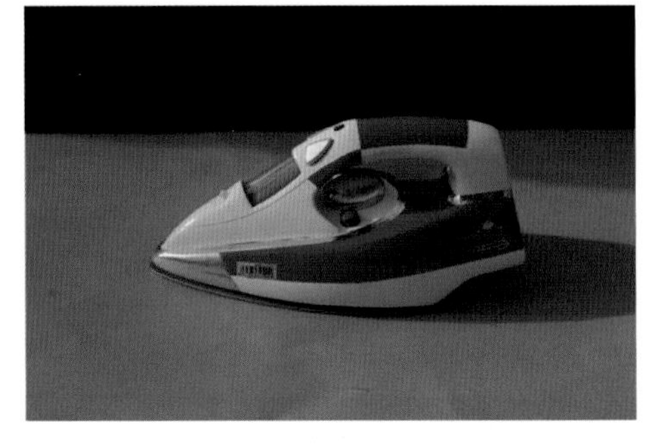

图6-4 电烫斗模型二(石膏)

电话机模型用黏土制作。泥土不容易干，修改时间可以自由把握。过一段时间再进行修改的话，在表面喷水使其湿润即可加工。

黏土具有一定的黏性，与油泥性能较接近，比油泥更容易加工，并可以回收重复利用（图6-5和图6-6）。

图6-5 电话模型(黏土)

图6-6 游戏机模型(黏土)

黏土是一种快速成型的材料，不需要太多的加工工具和设备，非常便利（图6-7）。

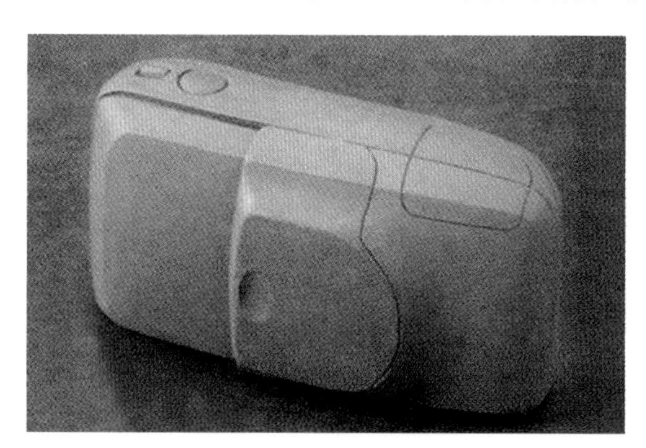

图6-7　相机模型(黏土)

油泥最大的特点就是造型能力强，并能在实物上进行添加和削减的加工。

油泥模型可以做出实物要求的曲面及尺寸，对于所设计产品的人机关系能较准确地把握。油泥能模拟实物的重量、尺寸等关键要素。这也是设计讨论中很重要的环节（图6-8和图6-9）。

图6-8　电热水壶模型(油泥)

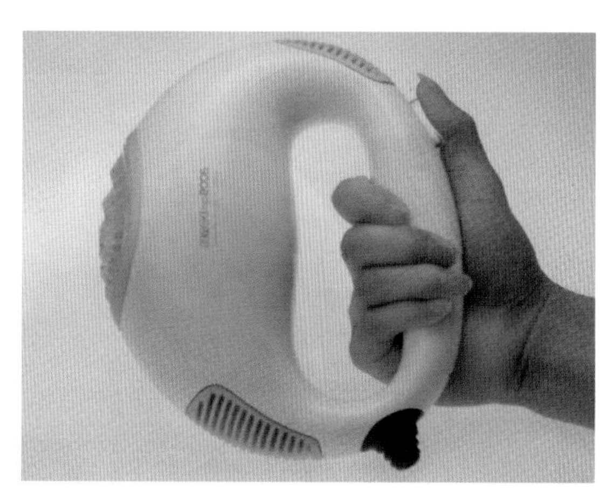

图6-9　吹风筒模型(油泥)

光滑的表面容易表现材料的质感，而油泥表面的颜色可以刮掉，随时修改颜色。音箱的曲面可以用油泥材料制作，可以把曲面打磨得很光滑（图6-10和图6-11）。

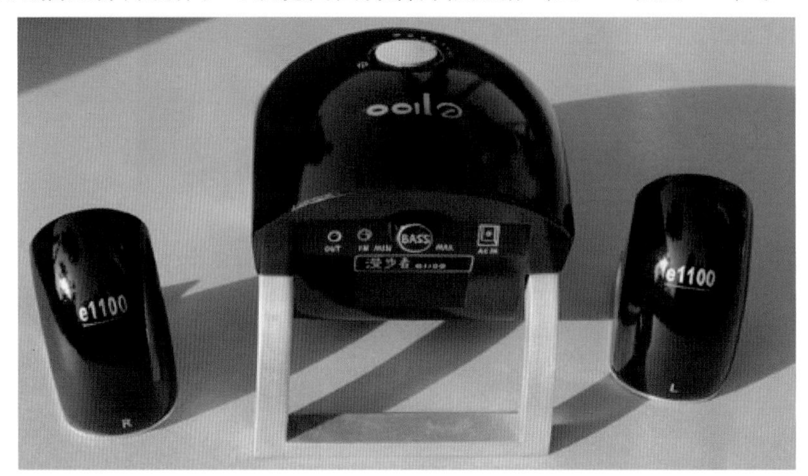

图6-10　音箱模型一(油泥)

图6-11　音箱模型二(油泥)

图6-12至图6-16所示的模型主要用ABS塑料制作，造型准确，细节细腻。塑料表面易于着色，模型造型塑造、细节、颜色都十分逼真。

图6-12　纽曼MP3模型正面(ABS塑料)

图6-13　纽曼MP3模型底面(ABS塑料)

手机模型对工艺要求较高，复杂的曲面对于手工模型制作来说，都很难做到十分准确，大多数选择CNC机器来制作，细节和工艺都十分接近真机。

图6-14　摩托罗拉手机模型一(ABS塑料)

图6-15　摩托罗拉手机模型二(ABS塑料)

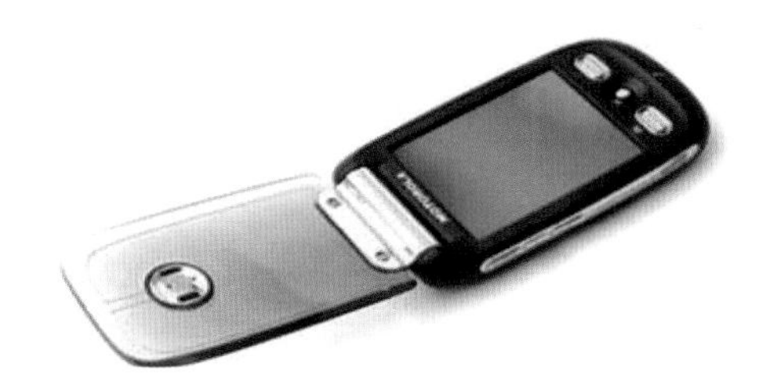

图6-16　摩托罗拉手机模型三 (ABS塑料)

图6-17所示的模型是学生的作品，使用CNC快速成型，材料是ABS塑料。CNC的好处之一是可以把产品做成可以使用的样机。

图6-17　装饰灯(ABS塑料)

木模型出现的时间较早，最先被广泛应用于建筑和家具。除了有利于木结构的研究，还能很直观地观察建筑全貌，有很好的研究价值和欣赏价值（图6-18和图6-19）。

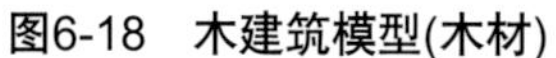

图6-18　木建筑模型(木材)

图6-19　休闲椅子模型(木材+海绵)

一般的家具除了电脑建模，还需要把实物按照结构、比例、材料、色彩做出来。这一类型的模型很适合用于团队研究及讨论。

椅子模型不一定用设计方案的木材来做，一般会选用木质较差，易于加工的木材来代替（图6-20和图6-21）。

图6-20　木椅子模型一(木材)

图6-21　木椅子模型二(木材)

木材这种材料也比较适合制作模型，它需要的工具简单，缺点是需要专业培训，否则制作时会比较危险。木模型制作过程需要依赖很多工具辅助完成，在学校实训室最好有木工师傅协助。

图6-22所示的模型细节精美，颜色饱和度高。充分把油泥方便修改的特性发挥出来，并且能在模型表面进行多次颜色的修改实验。

图6-22　概念车模型一(油泥+泡沫+塑料)

油泥能快速、准确地制作物体的曲面，是其他模型材料不能比拟的。该优势在本模型上体现得淋漓尽致（图6-23）。

图6-23　概念车模型二(油泥+塑料+金属)

图6-24所示的模型主要用油泥制作，充分发挥了油泥易于添加和削减的优势，细节刻画灵活、生动。而且油泥易于喷涂颜色，质感也较逼真。

图6-24　概念车模型三(油泥+金属+有机玻璃)

图6-25所示的模型是学生的作品，瓶身由油泥制作，瓶盖是塑料成型。两种材料较完美地结合在一起，制作成本不高。

图6-25　调味罐(油泥+塑料)

图6-26所示的模型是学生的作品，框架由铁丝绕成基本造型，然后进行藤编，快速、真实地表现了设计的理念。

图6-26　休闲椅(金属+藤+海绵)

图6-27所示的模型是学生制作的作品，灯具有较成熟的配件市场。制作模型的过程中可以直接购买部分配件，然后进行组装。本模型难点在如何表达羽毛及其结构。

图6-27　地灯(金属+玻璃+羽毛)

图6-28所示的模型大部分由油泥制作。茶色的玻璃部分是有机玻璃制作，关键节点由金属制作。此作品将油泥方便制作曲面的优势充分地体现了出来。

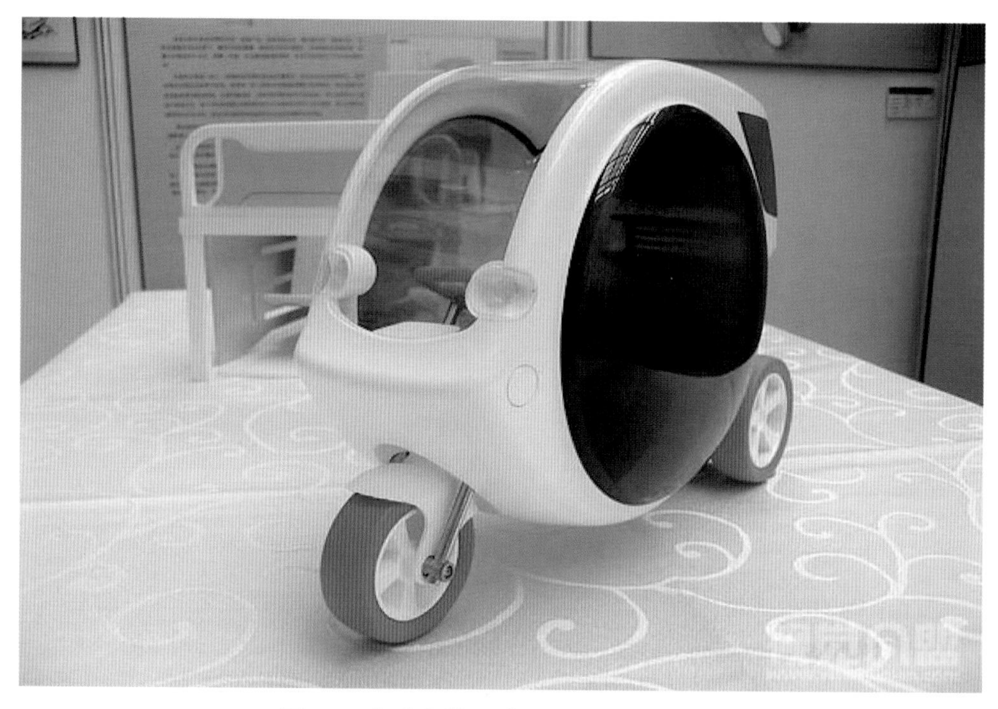

图6-28　概念车模型(油泥+金属+有机玻璃)

油泥表面颜色可以多次喷涂，直至颜色符合设计要求为止，非常方便（图6-29）。

图6-29　概念卡车模型(油泥+有机玻璃)

概念车属于体积较大的物体，一般制作这一类型的模型都缩小比例，或者取材较轻的内胎作为主体材料，表面采用较容易塑型的材料（图6-30）。

图6-30　概念车设计(油泥+泡沫+塑料+金属)

石膏材料一般都是一次成型。吸尘器模型是经过雕刻工艺制作而成，软管部分用现成的塑料管（图6-31）。

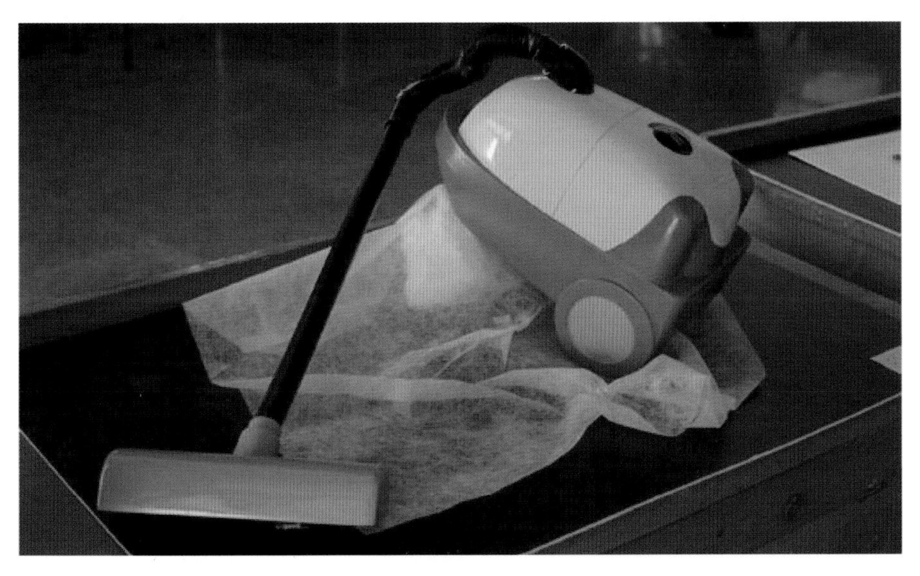

图6-31　吸尘器模型(石膏+油泥+塑料)

彩陶一般用于制作玩偶或动漫衍生产品。彩陶有一个很大的特点就是有黏性，材料本身有颜色。制作玩偶和动漫衍生产品的时候，只需要根据材料的颜色就能快速地制作，非常直观（图6-32）。

图6-32　玩偶(彩陶)

热水壶的透明部分一般采用有机玻璃制作（图6-33）。但是制作这样的曲面需要CNC机器的配合，一般制作较为标准。模型与实物的对比，除了材料不一样，造型和比例几乎相同（图6-34）。

图6-33　热水壶模型(ABS塑料+有机玻璃)

图6-34　左边水杯模型(ABS塑料)，右边水杯实物(PE)

单元训练与拓展

思考题：

1. 小结各种模型的特性和作用。
2. 总结模型与设计之间的关系。

课题：

设计表达——选择自己最常用的模型材料进行体验分享。

■要求：

(1) 选择自己最常用的、对这种材料有较深刻的理解的模型材料。

(2) 用自己制作的模型解读设计。

(3) 思路清晰，用PPT展示。

(4) 时间：4学时。

■目的：通过对设计模型的制作与了解，熟练运用模型来表达设计。

参考文献

[1] 王明旨．产品设计[M]．杭州：中国美术学院出版社，2004．

[2] 金涛，闫成新，孙峰．产品设计开发[M]．北京：海洋出版社，2012．

[3] 王效杰．产品设计[M]．北京：高等教育出版社，2003．

[4] 高雨辰，兰玉琪．图解产品设计模型制作[M]．北京：中国建筑工业出版社，2011．

[5] 郑建启，汤军．模型制作[M]．北京：高等教育出版社，2007．

[6] 周忠龙．工业设计模型制作工艺[M]．北京：北京理工大学出版社，2001．

[7] 殷晓晨，张良，韦艳丽．产品设计材料与工艺[M]．合肥：合肥工业大学出版社，2009．

[8] 江湘芸．产品模型制作[M]．北京：北京理工大学出版社，2005．

[9] 桂元龙，徐向荣．工业设计材料与工艺[M]．北京：北京理工大学出版社，2007．

[10] 沈法．现代产品设计[M]．郑州：河南美术出版社，2003．

[11] 闫卫．工业产品造型设计程序与实例[M]．北京：机械工业出版社，2003．

[12] 赵真．工业设计模型制作[M]．北京：北京理工大学出版社，2009．

[13] 赵玉亮．工业设计模型工艺[M]．北京：高等教育出版社，2001．